MINISTÈRE DES TRAVAUX PUBLICS

MÉMOIRES

POUR SERVIR A L'EXPLICATION DE LA

CARTE GÉOLOGIQUE DÉTAILLÉE DE LA FRANCE

LE PAYS DE BRAY

PAR

A. DE LAPPARENT

Ingénieur au corps des Mines

PARIS

IMPRIMERIE DE A. QUANTIN

7, RUE SAINT-BENOIT

—

1879

LE

PAYS DE BRAY

Quantin imprimeur
S.Benoit 7 à Paris

MINISTÈRE DES TRAVAUX PUBLICS

MÉMOIRES

POUR SERVIR A L'EXPLICATION DE LA

CARTE GÉOLOGIQUE DÉTAILLÉE DE LA FRANCE

LE PAYS DE BRAY

PAR

A. DE LAPPARENT

Ingénieur au corps des Mines

PARIS

IMPRIMERIE DE A. QUANTIN

7, RUE SAINT-BENOIT, 7

1879

AVERTISSEMENT

Les deux premières parties de ce mémoire ont été publiées, pour la première fois, en 1873. La troisième partie ayant exigé de nouvelles études sur le terrain ainsi que de nombreux travaux de nivellement, la rédaction a dû en être différée jusqu'à ce jour. Quand l'auteur s'est trouvé en mesure d'y faire face, l'édition du premier fascicule, qui n'avait été tirée qu'à un petit nombre d'exemplaires, était épuisée. On a profité de cette circonstance pour refondre entièrement les parties déjà publiées. L'ordre des descriptions a été changé ; les figures ont pu, grâce au nouveau format adopté par le service de la Carte géologique de France, trouver place dans le texte ; quelques chapitres nouveaux ont été ajoutés à la rédaction primitive. Enfin l'on s'est efforcé d'imprimer à l'ensemble de l'œuvre le caractère d'homogénéité que le sujet comportait.

A. L.

Paris, mai 1879.

LE PAYS DE BRAY

INTRODUCTION

Parmi les régions naturelles que la géographie nous apprend à distinguer dans le nord de la France, aucune n'est mieux définie que le Pays de Bray. Cette large et profonde vallée, au sol si étrangement accidenté, qui s'ouvre brusquement au milieu des plaines de la Normandie et fait succéder, sans préparation, l'étonnante verdure de ses herbages à la teinte monotone des terres labourées, se détache déjà d'une manière remarquable des plateaux uniformes qui l'enserrent de toutes parts. Mais ce qui lui imprime un cachet particulier, c'est la netteté tout exceptionnelle avec laquelle son contour extérieur se révèle au premier coup d'œil. Les autres régions naturelles, telles que le Soissonnais, le Vexin, le pays de Caux, etc., se confondent plus ou moins, vers leurs bords, avec les pays avoisinants ; et si parfois on les voit se terminer de certains côtés par des escarpements abrupts, faciles à définir, il y a toujours quelques portions de leur pourtour où l'effacement graduel de leurs caractères distinctifs introduit dans la détermination des limites géographiques une cause inévitable d'incertitude.

Rien de semblable n'a lieu pour le pays de Bray : la nature a pris soin d'en fixer elle-même les limites avec une telle évidence, que leur tracé ne comporte pas la moindre indécision.

On comprend de suite que la cause de ce privilège doit être cherchée dans les profondeurs du sol. En effet, toute contrée naturelle tire son individualité d'un ensemble de caractères extérieurs qui constituent ce qu'on appelle le paysage, et ces caractères dépendent à la fois du relief du terrain et du genre de végétation qui s'y développe. Or, la végétation étant déterminée par la nature des roches aux dépens desquelles le sol superficiel a été produit, et le relief du terrain étant une conséquence plus ou moins directe des mouvements qui ont affecté l'écorce terrestre au point en question, on peut dire que l'individualité géographique d'une région est d'autant plus accentuée que la composition et la structure du sous-sol géologique offrent elles-mêmes des particularités plus tranchées. Si donc le pays de Bray possède des caractères topographiques plus nets que ceux qu'on a coutume de rencontrer dans son voisinage, il est permis d'en inférer, *a priori*, que l'étude géologique de ce pays est appelée à présenter un intérêt exceptionnel.

C'est ce que l'observation confirme pleinement, en démontrant que cette région doit son existence au phénomène de soulèvement le mieux défini qu'il soit donné de constater dans le bassin parisien. On découvre, en effet, que le pays de Bray est une déchirure, une sorte de *boutonnière* pratiquée dans les couches de l'écorce terrestre, et à travers laquelle des assises profondes de cette écorce, poussées par une force souterraine, ont surgi en donnant naissance à une grande dislocation rectiligne dont les traces peuvent être suivies depuis les environs de Dieppe jusqu'aux abords de la forêt de Chantilly. De cette manière, on a pu justement comparer le Bray à un *regard naturel* [1], par lequel l'œil plonge dans les profondeurs de l'écorce du globe et est admis à pénétrer en partie les mystères de sa structure intime.

Les principaux caractères de cet accident géologique, entrevus dès 1813 par d'Omalius d'Halloy, ont depuis longtemps été mis en lumière par Élie de Beaumont, et la coupe de Gournay à Songeons, insérée dans

---

1. Élie de Beaumont, *Explication de la Carte géologique de France*, II, 591,

l'*Explication de la Carte géologique de France*[1], en fait connaître à merveille la disposition générale. De leur côté, M. A. Passy[2] et M. Graves[3] ont décrit la série si remarquable des assises sédimentaires du Bray avec toute l'exactitude que comportait l'état de la science géologique à l'époque où leurs importants travaux ont été publiés. Les études de M. Graves, qui embrassent toute la portion du pays comprise dans le département de l'Oise, offrent même un degré de précision assez grand pour que, sans avoir besoin de recourir à l'observation directe du terrain, M. Cornuel[4] ait pu baser sur les études en question une comparaison assez exacte entre les couches crétacées inférieures du Bray et celles de la Haute-Marne. Toutefois, même dans l'Oise, la détermination précise des divers horizons crétacés et jurassiques présentait bien des lacunes, et, en outre, personne n'avait encore abordé l'étude détaillée du soulèvement, dont l'âge relatif demeurait très incertain. Élie de Beaumont[5] avait seulement établi qu'il était postérieur à l'époque crétacée, tout en faisant remarquer que, malgré sa date relativement moderne, ce phénomène avait dû être influencé dans sa direction par l'existence d'accidents antérieurs, qui rendaient la structure du Bray beaucoup moins simple qu'elle ne paraît au premier abord.

La solution définitive de ces difficultés a dû être pendant longtemps ajournée, à cause des obstacles particuliers que rencontrait l'observateur dans le pays de Bray. Cette région, couverte de bois et de pâturages, divisée par des haies touffues en une infinité d'enclos d'un abord très difficile, enfin presque absolument dépourvue de roches solides pouvant motiver l'ouverture de carrières, n'offrait que très rarement son sol naturel à découvert. Les seules excavations que le géologue pût mettre à profit se bornaient à peu près aux sablonnières et aux exploitations d'argiles ayant pour objet la fabrication des tuiles ou celle des poteries et des produits

---

1. Tome II, 502.
2. *Description géologique du département de la Seine-Inférieure.* Rouen, 1832.
3. *Essai sur la topographie géognostique du département de l'Oise.* Beauvais, 1847.
4. *Bulletin de la Société géologique de France,* 2e série, XVIII (1862).
5. *Explication de la Carte géologique de France,* II, 598. — *Notice sur les systèmes de montagnes.*

réfractaires. L'inclinaison assez sensible des couches et les bouleverse-
ments dont elles sont parfois affectées étaient d'ailleurs de nature à occa-
sionner de fréquentes méprises relativement à leur ordre de superposition.
Pour comble de difficulté, les chemins, souvent inaccessibles aux voitures,
n'étaient, la plupart du temps, que des fossés fangeux, encaissés entre des
bordures infranchissables de ronces et d'arbustes.

Cet état de choses commença à se modifier lorsque le pays de Bray fut
appelé à son tour à bénéficier de l'essor que prenait, dans toute la France,
la construction des chemins vicinaux. L'élargissement et la rectification des
anciens chemins eurent pour résultat l'ouverture d'une foule de petites
tranchées ainsi que la recherche active des matériaux propres à l'empierrement. De cette manière, le sous-sol géologique, jusqu'alors masqué par
la végétation, fut mis au jour en un grand nombre de points. Toutefois, si
précieux que fussent les nouveaux documents ainsi amenés à la lumière,
peut-être eussent-ils été, par leur multiplicité et leur éparpillement mêmes,
plus propres à compliquer qu'à élucider les difficultés existantes, si quelque
travail d'ensemble n'avait permis de les rattacher les uns aux autres, en
fournissant une base indiscutable à tout essai de coordination des éléments
épars. Cette base si nécessaire vint enfin s'offrir aux géologues lors de la
construction du chemin de fer de Rouen à Amiens, qui franchit le Bray
dans le voisinage de sa plus grande largeur, à travers une région coupée
de nombreux vallons. En 1865 et 1866, ce chemin présentait une très intéressante succession de tranchées, dont quelques-unes entamaient le terrain
sur une profondeur supérieure à 20 mètres. Par une coïncidence particulièrement heureuse, l'une des plus importantes parmi ces tranchées se trouvait placée juste sur le passage de la grande dislocation dont l'allure était
demeurée jusque-là si obscure. Aujourd'hui, la mobilité des terrains traversés a nécessité l'application d'un manteau de gazon sur les parois de ces
excavations instructives. Mais la coupe en avait été soigneusement relevée[1],
et une série d'échantillons, recueillis à l'appui de cette coupe, est conser-

1. De Lapparent, *Bulletin de la Société géologique de France*, 2ᵉ série, XXIV, 228.

vée au musée de l'École des mines de Paris. De plus, la ligne de Rouen à Amiens avait à peine traversé le pays de Bray perpendiculairement à la direction de son soulèvement, que deux autres lignes, celle de Beauvais à Gournay et celle de Gournay à Neufchâtel, l'entamaient suivant son axe longitudinal; en sorte que ce pays, si longtemps isolé au milieu de la Normandie comme une sorte de fondrière inaccessible et absolument délaissé par les observateurs, est aujourd'hui l'un de ceux sur lesquels il a été possible de recueillir le plus grand nombre de documents précis. Sans doute, il reste encore de vastes espaces où l'herbe épaisse des pâturages empêche l'étude directe du sous-sol; mais les mares à bestiaux, les fossés, les trous pratiqués pour l'enfoncement des pieux de clôture, viennent fréquemment au secours du géologue, et, en profitant ainsi des moindres indices, on arrive à constituer un canevas d'observations assez serré pour que les portions demeurées invisibles viennent s'y encadrer sans trop d'indécision.

Le présent mémoire, fruit de plusieurs années d'études entreprises pour l'exécution de la Carte géologique détaillée de la France, a pour but de réunir dans une description méthodique ce que nous savons aujourd'hui, tant sur la succession des couches sédimentaires dans le Bray que sur les allures de la dislocation qui a fait venir au jour une aussi grande variété de terrains. Une première partie sera consacrée à l'étude des caractères physiques du Bray; dans une seconde partie on décrira successivement les divers étages géologiques dont cette région est composée. Enfin la troisième partie aura pour objet l'analyse des éléments stratigraphiques dont l'ensemble constitue le soulèvement du Bray, ainsi que l'étude sommaire des accidents du bassin de Paris qui peuvent être légitimement groupés autour de ce phénomène principal.

PREMIÈRE PARTIE

DESCRIPTION PHYSIQUE DU PAYS DE BRAY.

---

§ 1.

COUP D'ŒIL GÉNÉRAL SUR LE PAYS DE BRAY.

Lorsque, après avoir franchi les hauteurs qui dominent au nord la ville de Rouen, on se dirige vers la Picardie par la route de Forges-les-Eaux, on traverse, depuis Rouen jusqu'au delà de Buchy, sur un parcours de plus de 30 kilomètres, un vaste plateau où l'horizon n'est jamais borné par un accident de terrain de quelque importance. De distance en distance se dressent, au milieu de la plaine, des massifs d'arbres qu'on prendrait pour des bouquets de haute futaie. Ce sont les villages, composés d'une agglomération d'enclos dont chacun possède sa ceinture de hêtres séculaires, entre les cimes desquels on distingue à peine la flèche du clocher. Ce plateau, qui peut être considéré comme la préface du pays de Caux, auquel il se relie directement vers l'ouest, est remarquable par la fertilité de son sol, éminemment propre à la culture des céréales et à celle des betteraves. Les rares vallées qui l'accidentent, toutes modelées sur un même type, ont la forme de déchirures étroites et profondes, se décomposant le plus souvent en éléments rectilignes, et dont les flancs crayeux, aux pentes extrêmement raides, sont rebelles à toute culture et n'admettent que des plantations de hêtres.

2

Un fait remarquable, c'est que la surface du plateau, au lieu d'être exactement horizontale, va en s'élevant d'une manière continue lorsqu'on se rapproche de la Picardie. Ce relèvement du sol, d'abord insignifiant, puisque entre Rouen et Vieux-Manoir, il ne dépasse pas 1^m,50 par kilomètre, s'accentue de plus en plus à mesure qu'on s'avance vers le nord-est. Entre Vieux-Manoir et Buchy, il est de 4 mètres par kilomètre ; au delà de Buchy, il atteint 5^m,50 et devient sensible à l'œil en limitant à un espace assez restreint le champ de la perspective. En dernier lieu, on arrive en pente douce à quelques pas d'une sorte de crête rectiligne qui ferme absolument l'horizon. Il semble naturel de penser que c'est là un simple pli de terrain, au delà duquel le plateau va se reproduire avec ses caractères ordinaires et son aspect monotone.

Mais à peine a-t-on franchi cette limite qu'on se trouve inopinément au bord d'une sorte d'abîme et en présence d'un panorama d'autant plus saisissant qu'il était moins attendu. Cette ligne culminante qui fermait l'horizon n'était autre chose que l'arête supérieure d'un talus escarpé, se prolongeant à droite et à gauche aussi loin que la vue peut s'étendre, et formant une véritable falaise de plus de 60 mètres de hauteur, au pied de laquelle apparaît le pays le plus verdoyant qu'il soit possible d'imaginer. Sur le premier plan règne une sorte de terrasse, où les villages se succèdent à des intervalles assez rapprochés. Les clochers, avec leurs tours carrées, dépourvues de tout ornement architectural, s'aperçoivent de loin, et leur silhouette massive se détache avec netteté sur le fond du paysage. On dirait des postes avancés, établis au pied de la falaise pour surveiller le reste du pays, qu'ils dominent de toute la hauteur d'un second talus, à peine moins élevé que le précédent. Au delà, après une zone boisée de peu d'étendue, se présente une succession de collines aux formes gracieuses, couvertes, de la base au sommet, par des prairies où paissent des bêtes à cornes. Chaque herbage est entouré d'une ceinture d'arbustes, d'où se détachent quelques beaux arbres, chênes, hêtres ou frênes, attestant que ces riches pâturages ont dû être conquis sur une forêt qui recouvrait autrefois toute la contrée. Les fermes sont nombreuses, disséminées et de peu d'importance ; les villages, presque entièrement cachés dans des plis de terrain, consistent en un petit nombre d'habitations groupées autour de l'église.

Cet aspect se poursuit, en face de l'observateur, sur une étendue de plus de 10 kilomètres. Mais au moment où, en raison de la distance, les contours ondulés des collines commencent à se voiler d'une légère brume, on voit se dresser au delà, comme fond de tableau, une sorte de muraille continue dont la crête, exactement horizontale, forme la ligne d'horizon du paysage. Cette muraille est constituée par un talus gazonné, identique avec le premier, et courant comme lui, en droite ligne, du sud-est au nord-ouest. L'espace compris entre ces deux escarpements produit donc, au premier abord, l'impression d'une large vallée, profondément encaissée entre deux lignes de talus abrupts[1].

Cette vallée, c'est le *pays de Bray*, ou la *vallée de Bray*, comme on l'appelle encore, par opposition avec les plateaux qui l'entourent. Au sortir des plaines monotones des environs de Buchy, le regard se repose avec un rare plaisir sur cette riante et fraîche contrée, au relief si varié, où le ton dominant de la verdure est nuancé, grâce à la multiplicité des plans de perspective, des teintes les plus harmonieusement fondues.

Cependant un examen plus attentif va bientôt nous montrer, dans la configuration du pays de Bray, des particularités qui ne s'accordent d'aucune manière avec les lois ordinaires de la structure des vallées. Tout d'abord, on sait que la largeur d'une vallée d'érosion est toujours en rapport direct avec le volume du cours d'eau qui l'arrose : et s'il arrive parfois qu'un fleuve important, dans la traversée d'un massif de roches dures, soit obligé de se frayer un passage à travers une crevasse à peine suffisante pour le contenir, du moins on n'ignore pas que le déblayement d'une large vallée

---

1. Bien que le nom de *falaises* soit réservé d'ordinaire aux escarpements verticaux, nous appellerons souvent les talus qui viennent d'être décrits *falaises du Bray*. En effet, d'une part, l'impression qu'on éprouve en arrivant sur leur crête est tout à fait comparable à celle que produit la vue d'une plage, aperçue du haut d'une falaise marine ; et d'autre part, les nombreuses carrières de pierre à chaux ouvertes dans les flancs de ces talus, en mettant à nu, de distance en distance, la craie dont ils sont constitués, viennent compléter leur ressemblance avec les falaises crayeuses des côtes et des vallées normandes.

ne peut être l'œuvre d'un mince filet d'eau. Par suite, l'échancrure du Bray ayant plus de 10 kilomètres de largeur, on devrait s'attendre à trouver au fond quelque fleuve de premier ordre. Or non seulement rien de semblable ne s'observe, mais il est facile de voir du premier coup d'œil que la partie médiane du Bray, au lieu d'être constituée, comme cela devrait être, par une plaine basse d'alluvions, présente un enchevêtrement confus de collines dont quelques-unes atteignent même la hauteur des falaises des deux bords. A part une tendance générale à l'alignement de leurs grands axes dans la direction du nord-ouest, ces collines n'obéissent dans leur groupement à aucune loi apparente, et les ravins qui les séparent les unes des autres semblent serpenter indifféremment dans tous les sens.

Il est donc évident que le pays de Bray n'est pas une vallée ordinaire, mais seulement une échancrure d'une nature particulière. Il mérite plutôt d'être comparé à une gigantesque tranchée dont les talus auraient seuls reçu une forme régulière, tandis que le déblayement de l'intérieur aurait été opéré d'une manière aussi incomplète que capricieuse. Pour se convaincre de l'exactitude de cette comparaison, il suffit de suivre dans les deux sens les escarpements qui limitent le Bray. On reconnaît alors qu'ils finissent par se rejoindre en pointe aussi bien au nord-ouest qu'au sud-est, et qu'ainsi ils circonscrivent un fossé fermé, en forme de fuseau très allongé et très aigu, ne communiquant avec le dehors que par d'étroites et profondes déchirures, par où s'échappent les cours d'eau qui ont pris naissance dans l'intérieur.

Telle est, en définitive, l'exacte définition topographique que ce premier aperçu nous permet de donner du pays de Bray. C'est une large et profonde tranchée, au fond très irrégulièrement accidenté, ouverte au milieu des plateaux qui joignent la Normandie à la Picardie, et ayant, en gros, la forme d'une demi-ellipse, qui se termine en pointe, d'un côté, à Saint-Vaast, entre Neufchâtel et Dieppe, de l'autre, au hameau de Tillard, près de Noailles, au sud de Beauvais. La longueur du grand axe, orienté 130° [1], est

---

1. Les angles sont comptés à partir du nord vrai, dans le sens de la marche des aiguilles d'une montre. 130° signifie donc nord 50° ouest ou sud 50° est.

de 85 kilomètres.; celle du demi petit axe est de 14 kilomètres. L'ensemble est limité : à l'ouest, par le méridien de 1° 20' longitude O. ; à l'est, par celui de 0° 10' longitude O. ; au nord, par le parallèle de 55° 36' latitude N. ; au sud, par celui de 54° 80' latitude N.

§ 2.

LIMITES GÉOGRAPHIQUES ET PRINCIPALES DIMENSIONS DU BRAY.

Cherchons maintenant à préciser d'une manière plus étroite les caractères physiques de cette grande tranchée du Bray, et, pour cela, suivons-la d'une extrémité à l'autre, en partant de sa pointe septentrionale.

A Saint-Vaast, le Bray se réduit à la vallée de la Béthune, encaissée entre deux talus très raides, parfaitement réguliers et dont les arêtes supérieures sont distantes d'un kilomètre. En remontant la vallée à partir de ce point, on voit que les deux talus vont sans cesse en s'écartant l'un de l'autre, chose déjà surprenante par elle-même et qui suffit pour faire pressentir une structure tout autre que celle des vallées ordinaires. L'intervalle croît d'abord lentement jusqu'à Bures, où il est de 2 kilomètres et demi ; en même temps, on commence à voir apparaître, au pied du talus de la rive gauche, une ligne de hauteurs formant une petite chaîne intermédiaire entre la rivière et la falaise. Ensuite, le talus de la rive droite conservant sa direction primitive, l'autre se coude brusquement vers le sud-sud-est, en abandonnant le cours de la Béthune, dont il va être désormais séparé par une région irrégulièrement accidentée, et se maintient dans le même alignement jusqu'à Argueil, où le Bray atteint sa plus grande largeur, qui est de 14 kilomètres. En ce point, la véritable direction de la falaise est un peu masquée par l'ouverture de la crevasse qui livre passage à l'Andelle ; mais le monticule crayeux qui domine Argueil au nord-ouest ainsi que le Mont-Sauveur, témoin détaché du plateau principal et demeuré isolé de toutes parts, permettent de restituer exactement l'alignement du talus primitif. D'Argueil à Gournay, les deux falaises du Bray conservent un

écartement à très peu près constant, et leur direction commune oscille
entre 125 et 135 degrés. A Gournay, la falaise méridionale tourne à l'est-
sud-est pour venir rejoindre à Tillard celle du nord, qui, depuis Glatigny,
s'est elle-même légèrement infléchie au sud-est. Enfin, à Tillard, un contrefort dirigé perpendiculairement à l'axe général de la contrée se détache
brusquement de la falaise du sud, et élève entre la pointe du Bray et la
région avoisinante une barrière rectiligne des mieux marquées, longue de
2 kilomètres.

FIG. 1.

Diagramme géométrique du pays de Bray.

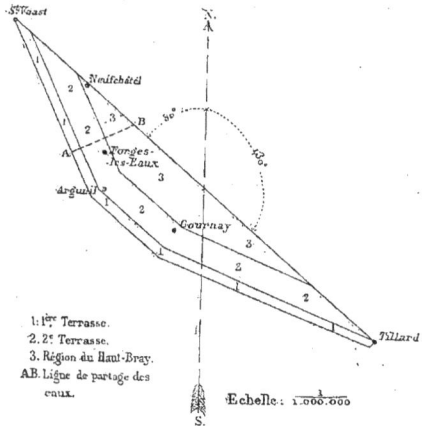

Il résulte de cet aperçu que, si l'on fait abstraction de quelques changements de direction d'importance secondaire, le Bray, considéré dans son
ensemble, a la forme d'un trapèze dont la grande base est constituée par la
falaise du nord-est, tandis que la plus petite, formée par la falaise du sud-
ouest, court entre Argueil et Gournay parallèlement à la première, dont
elle rejoint les extrémités par deux parties droites. Le contour extérieur
de la grande tranchée du Bray peut donc être représenté par le diagramme
géométrique de la figure 1.

Les côtés du trapèze ayant des longueurs respectives de 85, 42, 15 et 33 kilomètres, la surface totale du pays peut être évaluée à 700 kilomètres carrés.

Ajoutons que le contour trapézoïdal défini par les falaises du Bray n'est pas absolument continu. Il est interrompu, de distance en distance, par des déchirures profondes et toujours étroites, qui livrent passage à des cours d'eau. A la pointe nord-ouest s'ouvre la vallée de la Béthune. Aux deux extrémités de la petite base du trapèze s'échappent l'Andelle et l'Epte. Deux cours d'eau sans importance se frayent un chemin vers la pointe sud-est. Enfin la grande base est accidentée par deux fractures à travers lesquelles passent le Thérain et l'Avelon.

§ 3.

OROGRAPHIE DU BRAY. — ALLURE DISSYMÉTRIQUE DE LA LIGNE DE PARTAGE DES EAUX.

A l'exception de l'Avelon, tous les cours d'eau qui arrosent le Bray prennent naissance dans un même massif, qui s'étend de Sommery à Gaillefontaine en passant par Serqueux, suivant une direction générale est-nord-est et qui forme la ligne de partage entre la vallée de la Béthune, directement tributaire de la mer, d'une part, et les bassins de l'Oise et de la Seine, d'autre part.

Cette ligne de partage a son origine sur la crête de la falaise du sud-ouest, entre Sommery et Roncherolles, à une altitude de 234 mètres. Elle s'abaisse d'abord brusquement, suivant le talus de la falaise, jusqu'à 175 mètres. Après s'être relevée en pente continue jusqu'à 188 mètres, au-dessus de Roncherolles, elle redescend rapidement à 150 mètres à l'Épinay, où commence, non plus un plateau, mais une ligne d'ondulations, qui atteint 186 mètres à Serqueux. Là se produit une légère dépression, immédiatement suivie d'un nouveau relèvement progressif qui détermine une croupe arrivant à 224 mètres à la ferme des Monts-Bénard, au-dessus de

Compainville. Après s'être maintenue quelque temps aux environs de
200 mètres, la ligne de faîte atteint 227 mètres au-dessus du Thil-Riberpré
et 230 mètres aux Noyers. En ce point, elle vient se souder si intimement
à la falaise du nord-est, que, sans un pli de terrain à peine perceptible, il
paraîtrait y avoir continuité entre le Bray et le plateau à sous-sol crayeux
du bois de Gaillefontaine, dont l'altitude est de 234 mètres.

   La ligne de partage ainsi définie comprend les points culminants du
pays de Bray, et l'on voit qu'il s'en faut de 3 ou 4 mètres seulement que
ces sommets atteignent la hauteur des falaises qui l'entourent. Mais il est à
remarquer que ces points culminants, au lieu d'être également répartis sur

Fig. 2.

Profil de la ligne de partage des eaux.

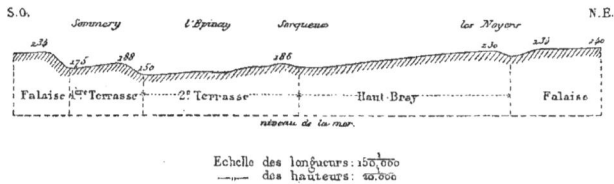

Echelle des longueurs : 1/50,000
des hauteurs : 1/10,000

toute la longueur de la ligne de faîte ou tout au moins concentrés en son
milieu, à égale distance de Sommery et de Gaillefontaine, sont situés tout
près du bord septentrional de la contrée. La ligne de partage des eaux n'est
donc ni horizontale, ni régulièrement bombée; depuis le pied de la côte
de Sommery, son niveau moyen va constamment en s'élevant, de sorte que
sa pente générale est toujours dirigée vers le sud-ouest. Donc, tandis que
les deux arêtes extérieures de la tranchée du Bray, sur le passage de la
ligne de faîte, sont situées rigoureusement au même niveau, le fond de la
région a la forme d'un demi-dôme deux fois échancré, dont la partie culminante coïncide presque avec le bord de la falaise du nord-est. C'est ce qu'on
peut représenter, en exagérant les hauteurs, par le diagramme de la
figure 2.

Cette dissymétrie n'est pas la seule dont la ligne de partage soit affectée. En effet, cette ligne, au lieu d'être placée à peu près au milieu du pays de Bray, le divise en deux parties très inégales, dont l'une, celle du nord-ouest, a trois fois moins d'étendue que l'autre. Par suite, la pente générale du terrain, à partir de la ligne de faîte, est sensiblement plus rapide sur le versant tributaire de la Béthune que sur celui qui correspond aux bassins de l'Oise et de la Seine. Si donc, faisant abstraction des lignes de faîte secondaires qui divisent en plusieurs petits bassins la section méridionale du Bray, on menait une coupe longitudinale de ce pays d'une extrémité à l'autre, on obtiendrait un profil semblable à celui de la figure 3, qui produit l'impression d'un dôme dont les deux versants ont des pentes très différentes.

FIG. 3.

Répartition des pentes sur les deux versants du Bray.

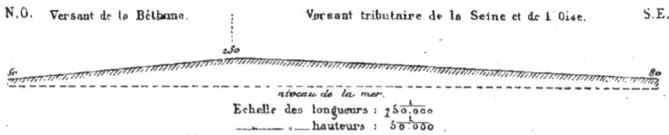

N.O. Versant de la Béthune.   Versant tributaire de la Seine et de l'Oise.   S.E.

Echelle des longueurs : $\frac{1}{750.000}$
hauteurs : $\frac{1}{50.000}$

De ce qui précède on peut déjà conclure que le fond de la tranchée du Bray est formé par un massif bombé, dissymétrique relativement aux deux axes de figure du pays, et dont le sommet est comme repoussé à la fois contre la falaise du nord et près de l'extrémité septentrionale de la contrée.

§ 4.

DISPOSITION DES SECTIONS TRANSVERSALES DU BRAY EN GRADINS SUCCESSIFS.

Pour pénétrer plus avant dans la connaissance du massif bombé qui occupe le fond du pays de Bray, il convient de se reporter au profil de la

3

ligne de partage des eaux (fig. 2). Ce profil accuse, entre le pied de la côte
de Sommery et la crête de la falaise de Gaillefontaine, trois étages successifs de gradins ou de terrasses à surface inclinée, dont chacun se relève au
nord-est et se termine de ce côté par un talus relativement brusque. Cette
structure n'est en aucune façon particulière à la ligne de partage des eaux.
Il suffit, pour s'en convaincre, d'étudier une coupe transversale du Bray,
menée dans le sens de sa plus grande largeur, entre le Mont-Sauveur, près
d'Argueil, et la côte de Grumesnil.

Le versant occidental du Mont-Sauveur forme une pente assez douce
par laquelle on atteint le plateau culminant de la colline, qui, au lieu d'être
horizontal, se relève d'une manière sensible vers le nord-est; son sommet,
à 203 mètres, est situé sur la crête du versant oriental, lequel est très raide
et s'abaisse jusqu'à 140 mètres sans aucun gradin intermédiaire. L'arête
inférieure de ce versant est l'origine d'un plateau régulier qui s'élève en
pente douce jusqu'à 176 mètres pour redescendre à 110 mètres au ruisseau
de Mésangueville. Alors le sol recommence à s'élever, mais d'une manière
moins régulière et moins continue, dans la forêt de Bray, jusqu'à
164 mètres; puis une nouvelle chute brusque, correspondant à la vallée de
l'Epte, le ramène à 133 mètres. A partir de là, une pente bien ménagée
conduit jusqu'à 206 mètres, altitude du haut plateau qui sépare Courcelles
de Saint-Michel-d'Halescourt. Au delà de ce plateau, dont la largeur ne
dépasse pas 500 mètres en cet endroit, le sol s'abaisse rapidement jusqu'à 170 mètres, et vient buter contre le pied de la falaise du nord, dont le
sommet atteint 227 mètres. Ces diverses circonstances sont résumées dans
la figure 4.

L'apparence qui résulte de ce diagramme et de celui de la figure 2 ne
saurait être mieux comparée qu'au profil d'une scie à dents obliques, ou
d'un escalier à gradins inclinés, chacun de ces gradins représentant la
section d'une terrasse terminée au nord-est par un talus plus ou moins
brusque.

Dans les deux coupes figurées, le nombre des gradins est de trois : le
premier, le plus étroit, est un véritable plateau; le second a sa surface

assez ondulée; enfin le troisième représente une croupe plutôt qu'une terrasse proprement dite. Or, ces caractères sont constants dans tout le Bray. Nous les verrions se reproduire avec une rigoureuse exactitude dans toute coupe transversale dirigée, soit entre Argueil et Gournay, soit entre Forges-les-Eaux et Saint-Saire. Ce n'est qu'au voisinage des deux extrémités du pays que le profil transversal se modifie par la disparition successive du troisième et du deuxième gradin.

Fig. 4.

Coupe du Mont-Sauveur à Grumesnil.

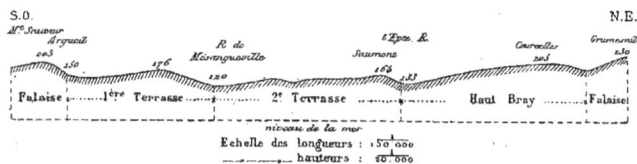

De cette triple division du profil transversal, il résulte que le Bray peut être partagé en trois zones principales. Si nous cherchons à suivre chacune d'elles dans le sens de sa longueur, nous remarquerons que les deux premières adoptent exactement le contour de la falaise brisée du sud-ouest, c'est-à-dire qu'elles forment deux bandes parallèles aux trois petits côtés du trapèze de la figure 1. Les lignes de talus qui les terminent sont donc concaves vers l'intérieur du Bray, qu'elles entourent d'une double auréole bien marquée.

Au contraire, la troisième zone ayant son arête culminante rectiligne et parallèle à la falaise du nord-est, sa largeur, à partir d'un maximum qu'elle atteint entre Argueil et Gournay, va en diminuant des deux côtés. En d'autres termes, la troisième terrasse reproduit identiquement la forme trapézoïdale de l'ensemble du Bray, avec cette différence que les côtés de ce trapèze intérieur, au lieu de circonscrire une cavité, forment, au contraire, la base polygonale d'un îlot bombé, ayant l'aspect d'une demi-

calotte surbaissée, coupée suivant son diamètre et brusquement arrêtée au
nord-est par une pente en sens inverse, qui s'aperçoit très bien à la simple
inspection d'une carte topographique.

De ce qui vient d'être exposé il est facile de déduire une définition plus
précise de la grande tranchée du Bray. C'est un vaste *amphithéâtre*, à deux
gradins, où la place de la scène est occupée par un massif en saillie, s'élevant en pente douce jusqu'à la hauteur de l'enceinte extérieure. Les deux
gradins, d'une part; le massif bombé, d'autre part, constituent les trois
zones distinctes dont nous allons chercher à préciser les caractères.

§ 5.

CARACTÈRES DISTINCTIFS DES TROIS ZONES DU PAYS DE BRAY :
ZONE DES VILLAGES; ZONE DES FORÊTS; ZONE DU HAUT BRAY.

La première zone, qui est la plus constante et celle dont le profil est
le mieux accusé, s'étend d'une manière uniforme au pied de la falaise du
sud-ouest, avec une largeur comprise entre 1 et 2 kilomètres. Elle est
jalonnée, d'un bout à l'autre du Bray, par un longue file de villages. Ce
sont ceux de Bures, Fresles, Bully, Esclavelles, Massy, Fontaine-en-Bray,
Sainte-Geneviève, Sommery, Roncherolles, Mauquenchy, la Ferté-Saint-
Samson, Argueil, Hodeng-Hodenger, Brémontier-Merval, Ernemont-la-
Villette, Cuigy, Espaubourg, Saint-Aubin, Ons-en-Bray, Villers-Saint-Bar-
thélemy, Auneuil, Berneuil, Auteuil et Silly.

Le contour extérieur de cette zone est très dentelé; il est accidenté de
nombreuses échancrures, où les villages se sont établis de préférence. Souvent ces vallons retournent en arrière à angle droit et isolent presque
complètement la terrasse, qui prend alors, en plan, la forme d'un T ou
même celle d'un monticule allongé, séparé de la falaise par un col assez
déprimé; mais l'axe du mamelon reste très nettement parallèle à la falaise
qui le domine et, de plus, l'arête de son talus extérieur est exactement

dans le prolongement de celles des mamelons ou des portions de terrasses qui lui font suite à droite et à gauche; en sorte que rien n'est plus facile que de rétablir, par la pensée, la continuité de tous ces éléments en une seule terrasse d'une largeur sensiblement constante.

Cette terrasse a sa ligne la plus basse située à sa jonction avec la falaise qui la domine. A partir de là, elle se relève vers l'intérieur du Bray avec une pente généralement comprise entre 1 et 2 pour 100. Le talus par lequel elle se termine au nord-ouest affecte des inclinaisons assez variables, mais qui dépassent rarement 15 pour 100, soit un angle de 9° environ. Quant à la falaise, sa pente varie entre 15 et 25 pour 100, c'est-à-dire entre 9° et 15°. Enfin, la hauteur normale de la crête de la falaise au-dessus de l'origine de la terrasse étant de 60 à 70 mètres, celle de la ligne culminante du plateau au-dessus de la naissance du deuxième gradin oscille, suivant les cas, entre 30 et 60 mètres. La figure 5 représente, à l'échelle du quinze-millième et sans exagération de hauteurs, le profil théorique de la première terrasse du Bray, construit en prenant pour les pentes le maximum de leur valeur observée.

FIG. 5.

Profil de la première terrasse.

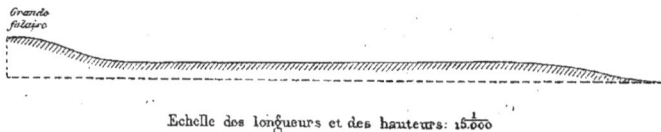

Grande
falaise

Echelle des longueurs et des hauteurs: $\frac{1}{15.000}$

Si maintenant nous considérons l'altitude de la crête du plateau, nous trouverons qu'elle est de 90 mètres à Bures, de 140 mètres à Bully, de 188 mètres à Sommery, de 194 mètres à la Ferté-Saint-Samson, de 176 mètres devant Argueil, de 150 mètres à Ons-en-Bray, de 120 mètres à Silly. Sa section du nord-ouest au sud-est serait donc celle d'un dôme surbaissé, présentant exactement la même dissymétrie que celle qui préside à la distribution de la pente générale du Bray de part et d'autre de la ligne de partage des eaux.

Le sol de la première terrasse est composé d'un mélange de terres fortes et de parties calcaires qui le rendent très propre au labourage; sur ses flancs, on voit partout d'excellents pâturages. Beaucoup de sources y prennent naissance, et les points d'émergence de leurs eaux, généralement très limpides, sont situés à peu de distance de la surface du plateau. On s'explique donc sans peine que cette terrasse soit, par excellence, la *zone des villages*, car toutes les conditions favorables à l'agglomération des populations s'y trouvent réunies. L'humidité y est moins sensible que dans le reste du pays ; les eaux y trouvent un écoulement facile; les chemins s'y entretiennent beaucoup plus aisément; la culture peut y être suffisamment variée, et l'œil embrasse à découvert de vastes espaces. Ces avantages devaient être surtout sensibles à l'époque où l'intérieur du Bray était couvert d'épaisses forêts et où, par suite, la circulation était difficile et la sécurité incomplète.

La seconde zone du Bray commence à Neufchâtel et se poursuit jusqu'au bois de Pecquemont, au sud de Vessencourt. Elle forme, non pas un plateau, mais, comme nous l'avons déjà indiqué, une surface inégalement ondulée et vallonnée dans toutes les directions, présentant aussi des parties plates et tourbeuses. Il est facile de deviner, d'après le profil général du terrain et la faible pente de ses accidents, que cette zone doit être entièrement composée de formations meubles, parmi lesquelles domine le sable. La pente générale de sa surface atteint rarement 1,5 pour 100. La largeur assez uniforme de la zone est de 4 kilomètres. Le talus qui la termine au nord-est est beaucoup moins net que celui de la première terrasse. Là où il est le mieux marqué, sa hauteur est de 30 à 40 mètres.

Les bois dominaient autrefois sans partage dans cette portion du Bray, qu'on peut appeler la *zone des forêts*, bien que ce caractère tende à s'effacer de plus en plus et semble même destiné à disparaître entièrement, car le défrichement des bois et leur transformation en herbages s'opèrent dans toute la contrée avec une grande rapidité.

C'est dans cette zone que sont comprises toutes les exploitations de terres plastiques et de terres réfractaires de Forges-les-Eaux, de Saumont-la-Poterie, de Cuy-Saint-Fiacre, de la Chapelle-aux-Pots, etc. C'est là également que se faisaient autrefois l'extraction et le traitement des minerais de fer du Bray. Il y a déjà plusieurs siècles que l'épuisement des forêts est venu mettre un terme à cette industrie, dont la résurrection ne semble plus possible aujourd'hui, en raison de la pauvreté du minerai. D'ailleurs la quantité de bois qui reste encore debout n'est que suffisante pour l'alimentation des fabriques de poteries.

Le chêne est la principale essence cultivée dans la zone des forêts. Quelques parties, plus'particulièrement sablonneuses, sont plantées d'arbres verts.

La troisième zone constitue ce qu'on appelle le *haut Bray*; elle doit cette dénomination à l'altitude considérable de sa partie culminante, qui se maintient presque constamment au-dessus de 200 mètres. Or la distance entre cette partie culminante et le pied du talus de la deuxième terrasse ne dépasse jamais 6 kilomètres. La pente générale de ce troisième gradin est donc plus sensible que celle des deux précédents: en moyenne, elle varie entre 2 et 2,5 pour 100. De plus, ainsi que nous l'avons déjà dit, sa forme extérieure est celle d'une croupe beaucoup plutôt que d'une terrasse.

Le haut Bray commence à peu de distance de Neufchâtel, en face de Saint-Saire, où il forme le dos d'âne sur lequel sont établis les villages du Mesnil-Mauger, de Compainville et du Thil-Riberpré. Ses caractères deviennent un peu confus au voisinage de la ligne de partage des eaux et son sommet semble se réduire, entre le Thil-Riberpré et Saint-Michel-d'Halescourt, à une arête étroite et déprimée, formant un véritable col qui sépare le bassin de l'Epte de celui du Thérain. Mais l'allure du haut Bray redevient très nette au delà de cette ligne et s'accentue de plus en plus lorsqu'on marche vers le sud-est. Depuis Forges-les-Eaux jusqu'à Gournay, sa limite sud-ouest est formée par la rivière d'Epte, qui coule presque constamment au pied du talus de la deuxième terrasse. A partir de l'Epte, le sol s'élève d'une manière continue jusqu'à la ligne de crête, qui forme un méplat rectiligne de peu de largeur, dont l'alignement se maintient pendant 25 kilomètres dans la direction 130°. Ce méplat culminant, qu'un simple ravin sépare du faîte de Longmesnil et des Noyers, est situé à une altitude variable entre 210 et 215 mètres. Il se termine au nord-ouest par un talus qui descend jusqu'à la vallée du Thérain, suivant une pente comprise entre 3 et 5 pour 100. Le plateau du haut Bray est encore bien visible entre Glatigny et Hodenc-en-Bray, où son altitude est de 202 mètres. A partir de là, il disparaît subitement sous une série de mamelons boisés, dépendant de la deuxième terrasse et dont le plus élevé atteint 233 mètres au signal de Courcelles.

La zone du haut Bray, marquée par les villages de Saint-Michel-d'Halescourt, Courcelles, Longmesnil, Doudeauville, Bazancourt, Hécourt, Villers-sur-Auchy, Senantes et Villembray, est surtout composée de terres fortes, propres au labourage. On y voit cependant aussi de nombreux herbages. Tandis que, dans les environs de Neufchâtel et de Forges, le sol est divisé en compartiments par des haies d'arbustes, le haut Bray est une croupe essentiellement découverte, où rien n'arrête la vue et du haut de laquelle on embrasse parfaitement le contour extérieur de la contrée. Un des traits caractéristiques de cette zone est la direction rectiligne des ravins qui descendent de son arête culminante vers la vallée de l'Epte ; ces ravins forment autant de sillons perpendiculaires à l'axe du haut plateau, et dont quelques-uns ont plus de 40 mètres de profondeur. Ce caractère, opposé à la direction si capricieuse des ravinements dans la deuxième zone, indique à lui seul que le sous-sol du haut Bray doit être composé de dépôts tout à fait différents de ceux qui constituent le plateau boisé qui le borde au sud-ouest.

§ 6.

PROFIL DE L'ARÊTE CULMINANTE DU PAYS DE BRAY. — VARIATIONS D'ALTITUDE DES FALAISES.

Nous venons de voir que la partie la plus élevée du haut Bray est formée par un méplat rectiligne dont l'altitude est constamment comprise entre 200 et 215 mètres. En venant se souder à la ligne de partage des eaux, au faîte des Noyers, l'arête de ce méplat atteint 230 mètres. Elle n'est plus qu'à 190 mètres sur le plateau du Mesnil-Mauger. Là se termine le haut Bray proprement dit; mais l'arête culminante n'est pas pour cela interrompue; elle se continue jusqu'à Neufchâtel par une série de collines qui séparent la vallée de la Béthune de la route de Neufchâtel à Gaillefontaine, et qui toutes sont des dômes elliptiques ayant leurs grands axes dans le prolongement direct de celui du haut Bray. Ces dômes ont leurs sommets compris entre 180 et 150 mètres d'altitude.

La prolongation de l'arête culminante est encore mieux marquée vers la pointe sud-est du Bray. A partir de Courcelles, on voit se dessiner une succession de collines boisées dont l'altitude va sans cesse en diminuant depuis le signal de Courcelles, où elle est de 233 mètres, jusqu'à Saint-Paul, où elle n'est plus que de 125 mètres. Cette ligne de hauteurs traverse alors la vallée de l'Avelon et détermine dans le bois de Belloy une saillie assez bien marquée. Enfin le dernier effort du bombement se fait sentir au tertre de Montoille, près de Vessencourt. Après quoi, le sol s'abaisse jusqu'à la rencontre de la première terrasse, qui vient assez brusquement fermer le pays de Bray au sud-est.

Fig. 6.

Profil longitudinal de l'arête culminante du Bray.

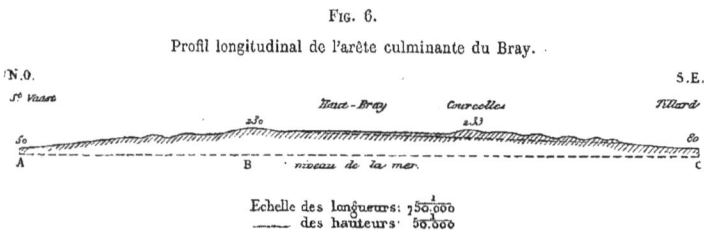

Echelle des longueurs: $\frac{1}{750.000}$

des hauteurs: $\frac{1}{50.000}$

En définitive, le profil longitudinal de l'arête du Bray se composerait d'une partie centrale presque horizontale, à l'altitude moyenne de 210 mètres, venant s'enfoncer, à droite et à gauche, sous deux mamelons dont chacun est l'origine d'une ligne descendante à contour ondulé. C'est ce qui est représenté dans la figure 6. Toute la portion comprise entre A et B appartient

4

au bassin de la Béthune. De B à C s'étend le bassin de l'Oise et de la Seine, où la ligne de crête forme une ligne de partage secondaire au nord de laquelle les eaux se rendent dans le Thérain, tandis qu'au sud elles appartiennent successivement à l'Andelle, à l'Epte et à l'Avelon.

On voit, en résumé, que le dôme du Bray constitue un réservoir précieux pour l'alimentation hydraulique du bassin de la Seine; car il devient, par son altitude et par la nature particulièrement humide de son sol, le point de départ de quatre cours d'eau dont l'importance industrielle est considérable.

En regard du profil de l'axe culminant du pays de Bray, il est intéressant de placer les variations d'altitude des deux falaises. A Saint-Vaast, l'une et l'autre sont à 170 mètres au-dessus du niveau de la mer. L'altitude de celle du sud-ouest augmente depuis ce point jusqu'au-dessus de Fresles, où elle atteint 224 mètres, pour croître encore jusqu'au signal des Hayons, où elle arrive à son maximum, qui est de 236 mètres. Depuis ce point jusqu'à la hauteur de Gournay, le niveau de la crête de la falaise varie entre 225 et 215 mètres. Sur la côte du Coudray-Saint-Germer et jusqu'à la pointe méridionale du Bray, l'altitude est presque constante aux environs de 230 ou 233 mètres. Ce n'est qu'au delà des limites de la région que cette falaise, continuée par un talus bien marqué, s'abaisse progressivement jusqu'au niveau de l'Oise.

Quant à la falaise du nord-est, elle atteint rapidement, entre Saint-Vaast et Neufchâtel, une altitude de 215 mètres et s'élève même à 238 mètres entre Neufchâtel et Gaillefontaine. Ensuite elle s'abaisse d'une manière continue en passant par 210 mètres au nord de Songeons, par 185 mètres à Hanvoile, par 173 mètres au sud de Beauvais. Elle devient alors infiniment moins nette, quoique bien reconnaissable encore par le tertre de Saint-Sulpice (125 mètres) et celui d'Abbecourt (145 mètres). En face d'Hodenc-l'Évêque, elle a complètement disparu.

Ainsi les deux falaises du Bray, parfaitement symétriques et égales en hauteur près de la pointe nord du pays, cessent absolument de l'être au voisinage de la pointe sud. De plus, tandis que l'arête de la falaise du sud-ouest forme toujours la ligne culminante du plateau dans lequel elle est entaillée, le sol, à partir de la falaise du nord-est, s'élève encore pendant quelques kilomètres, bien qu'avec une très grande lenteur : en sorte que l'arête de la falaise au-dessus de Saint-Maurice, près de Gaillefontaine, étant à 222 mètres, c'est à 6 kilomètres de là, dans la direction du nord-est, entre Conteville et Beaufresne, qu'il faut aller chercher, sur le plateau, le point culminant de toute la région, situé à 243 mètres.

La plaine qui domine le Bray au nord-est s'abaisse d'ailleurs beaucoup moins rapidement dans la direction du nord que le plateau de Buchy ne s'abaisse en se rapprochant de la vallée de la Seine. C'est seulement bien au delà d'Aumale qu'on commence à trouver des altitudes inférieures à 200 mètres. Cette circonstance, rapprochée de ce fait que tout l'effort du bombement du sol du pays de Bray se fait sentir au nord-est, prouve que la région située entre la Picardie et le Bray participe à la structure dissymétrique de cette dernière contrée.

§ 7.

SILLON LONGITUDINAL DE LA FALAISE DU NORD-EST.

Il nous reste à faire connaître un trait essentiel de la topographie du pays de Bray : c'est le sillon longitudinal, dirigé parallèlement à l'axe de la contrée, qui s'étend partout au pied de la falaise du nord-est. Dans toute la région du haut Bray, ce sillon n'est autre chose que l'intersection du talus de la falaise avec le versant qui termine le troisième gradin ; mais lorsque ce gradin a disparu, le sillon n'en persiste pas moins, et on l'observe aussi bien au nord, entre Beaussault et Neufchâtel, qu'au sud entre Glatigny et Goincourt. On peut même dire qu'il se prolonge jusqu'à la pointe méridionale du Bray, par Frocourt et Hodenc-l'Évêque.

Ce sillon est sensiblement rectiligne ou du moins composé de parties rectilignes faisant entre elles des angles très petits. C'est lui qui définit le

mieux la grande base du trapèze dont il a été plusieurs fois question. Il
présente un point culminant au faîte des Noyers, sur le passage de la ligne
de partage des eaux. En ce point, son altitude est voisine de 220 mètres.
A partir de ce col, il s'abaisse constamment dans les deux sens. Un petit
affluent de la Béthune, qui prend naissance sur le versant nord du col, suit
d'abord le sillon par Clairruissel jusqu'à Saint-Maurice, où le ruisseau
tourne à gauche après s'être réuni à la Béthune. Depuis ce point jusqu'à
Neufchâtel, le sillon n'est plus marqué que par un pli de terrain, au profil
extrêmement ondulé, que suit constamment la route de Beaussault à Neufchâtel, et qui va se perdre, à la sortie de cette ville, dans la vallée de la
Béthune, revenue à sa direction première. Dans ce parcours, le sillon, do-
miné au nord-est par la falaise, longe tout le temps le pied de la petite
chaîne de hauteurs que nous avons déjà signalée comme formant le prolongement de l'axe du haut Bray.

Sur l'autre versant du col des Noyers, et dans le prolongement exact
du vallon de Clairruissel, le sillon se dessine avec une grande netteté au
pied de la route de Gaillefontaine à Beauvais. Bientôt son lit, parfaitement
rectiligne, est occupé par la rivière du Thérain, qui prend sa source dans
le sillon même, un peu avant Grumesnil, et coule en ligne droite pendant
6 kilomètres jusqu'à Héricourt-Saint-Samson. En ce point, le sillon et,
avec lui, la vallée du Thérain, sont légèrement déviés vers le sud-sud-est,
puis reprennent leur direction première à Escames, où une déchirure est-
ouest interrompt la falaise et emmène le Thérain hors du pays de Bray.
Mais le sillon continue au delà d'Escames jusqu'à Buicourt, où il passe
par un point culminant dont profite la route de Gournay à Songeons; puis
il redescend au pied de Gerberoy, franchit un nouveau col au-dessus de
Wambez, et forme alors une ligne ondulée très continue, passant par Hanvoile, Glatigny, l'Héraule, Savignies, Saint-Germain-la-Poterie, Saint-Paul
et Goincourt. De même que le sillon du nord sert de passage à la route de
Neufchâtel à Beaussault, celui du sud est parcouru par la route de Gerberoy à Beauvais.

Interrompu à Goincourt par la vallée de l'Avelon, le sillon longitudi-

nal se retrouve, bien qu'un peu atrophié, aux environs de Saint-Martin-le-
Nœud et redevient plus net au pied de la côte d'Hodenc-l'Évêque, pour
disparaître au point où cette côte se soude au plateau incliné d'Abbecourt.

La constance de ce sillon, qui détermine rigoureusement la direction
et l'emplacement des cours d'eau au nord de l'arête du haut Bray, accuse
évidemment un phénomène particulier, dont la nature nous sera révélée
plus tard par l'examen géologique de la région.

§ 8.

PHYSIONOMIE AGRICOLE DU PAYS DE BRAY.

La répartition des cultures, dans le pays de Bray comme partout ailleurs,
se ressent à la fois de la disposition du terrain et de la nature du sol. Nous
avons déjà dit que les terres labourables dominent dans le haut Bray et sur
la première terrasse, dont le talus est occupé par des prairies; en outre,
que le sol assez accidenté de la seconde terrasse est couvert de bois et
d'herbages. Mais cette division n'est pas nettement tranchée, et l'on peut
même dire qu'elle tend à disparaître de jour en jour. En effet, un caractère commun à tous les terrains du Bray, à de rares exceptions près, c'est
d'être constitués par une association assez intime de couches perméables
et de couches imperméables, ces dernières étant, d'ailleurs, en assez
grande majorité : de plus, les roches dures ne s'y rencontrent qu'en proportion insignifiante et, dans toute l'étendue de ce pays si accidenté, on
chercherait vainement un rocher naturel. Il suit de là que toutes les variétés de sols se résument dans ces trois termes : sols marneux, sols argileux,
sols argilo-sableux. Cela revient à dire que la consistance boueuse domine
presque sans partage dans le sol sur toute la surface du Bray. C'est de là,
du reste, que dérive le nom de cette région; car le mot *Bray* vient de
Braïum, qui, dans l'ancien langage gaulois, signifie *boue, marécage* ou *lieu*

humide [1]. En raison de cette nature boueuse, le sol de ce pays a toujours été reconnu comme essentiellement favorable au développement des herbages. Seuls, les terrains particulièrement sablonneux, qui forment en certains points du Bray des plages de quelque importance, étaient considérés autrefois comme voués pour toujours à la végétation forestière. Mais, grâce à la facilité avec laquelle on y peut incorporer l'élément marneux, si abondant sur le flanc des falaises, grâce, d'autre part, à cette circonstance que les sables du Bray sont toujours mélangés de quelques veines argileuses qui atténuent les effets de leur sécheresse naturelle, on a pu, depuis quelques années, opérer le défrichement et la transformation en herbages des anciennes forêts dans des proportions considérables. Cette transformation ne peut avoir aucun des effets nuisibles que produisent les défrichements en pays de montagnes ; car les prairies pâturées fixent le sol et retiennent l'humidité au moins aussi bien que les sols boisés. En outre, la production active de la viande de boucherie apporte un précieux accroissement de richesse à ce pays, que le commerce du lait et l'industrie du beurre et des fromages ont déjà rendu très prospère. Aussi peut-on prévoir le moment où toute la surface du Bray sera couverte d'herbages avec clôtures boisées et offrira partout cet aspect si frais qui domine aux alentours de Forges et de Neufchâtel. Cette influence se fait même déjà sentir en dehors du Bray, sur les plateaux qui l'entourent, l'imperméabilité du sous-sol d'argile à silex superposé à la craie permettant, jusqu'à un certain point, la création d'herbages à des hauteurs où les cours d'eau ne peuvent pas encore exister.

Quoi qu'il advienne de cette tentative, il est certain que les prairies disposées pour l'élevage des bestiaux sont destinées à devenir le facies à peu près exclusif de tout l'intérieur du pays de Bray et à voiler, en partie, sous un égal manteau de verdure, les caractères distinctifs des diverses régions que l'orographie nous a permis de distinguer. Loin d'y perdre, la

---

1. Dictionnaire de Moreri, article *Bray*. On lit dans un ancien manuscrit des Miracles de saint Bernard, à propos de Bray-sur-Seine : « Castrum Braïum, quod lutum interpretatur », et, dans Monstrelet : « Il passa parmi la ville, où il y avoit sources moult brayeuses. »

physionomie de la contrée gagnera, au contraire, en unité. Ce sera, par excellence, le pays des herbages et de l'humidité, mais d'une humidité saine et sans danger, d'où l'influence marécageuse aura été complètement bannie par les progrès de la culture. Et dans cette vallée prospère, parcourue par des chemins soigneusement entretenus, la *boue,* qui autrefois a si justement servi à lui donner un nom, pourra n'être plus qu'un accident exceptionnel, imputable seulement à la négligence des hommes.

SECONDE PARTIE

DESCRIPTION DES FORMATIONS GÉOLOGIQUES.

Nous nous proposons de décrire sommairement les diverses formations géologiques qui affleurent dans le pays de Bray. Nous suivrons, dans cette description, l'ordre chronologique de succession des terrains. La division en étages sera, dans l'ensemble, conforme à celle qui a été adoptée dans l'exécution de la carte géologique au quatre-vingt millième, pour les feuilles de Neufchâtel, de Rouen et de Beauvais. Cependant nous nous réservons la faculté d'y introduire, le cas échéant, les subdivisions que l'échelle de la carte n'a pas permis de distinguer.

La planche I, annexée au présent mémoire et où presque toutes les divisions ont pu être figurées, bien que l'échelle soit seulement celle du trois cent vingt millième, permettra de suivre les descriptions sans qu'il soit nécessaire de recourir aux feuilles séparées de la carte au quatre-vingt millième.

On ne mentionnera, dans le cours de cette description, que les fossiles les plus caractéristiques, renvoyant, pour de plus amples détails paléontologiques, aux listes si complètes qui accompagnent l'ouvrage de M. Graves.

TERRAIN JURASSIQUE.

ÉTAGE KIMMÉRIDIEN.

§ 9.

CALCAIRES, ARGILES ET LUMACHELLES A GRYPHÉES VIRGULES.

L'assise la plus inférieure de la formation jurassique dans le Bray est constituée par l'étage bien connu des calcaires, argiles et lumachelles à *Ostrea virgula* (*Exogyra virgula,* Goldf.). Non seulement cet étage affleure dans le fond des vallées au voisinage de Neufchâtel, d'une part, et de Villembray, d'autre part ; mais le relèvement de la contrée l'amène au jour dans le haut Bray, où il occupe des surfaces très étendues en formant l'arête culminante du pays.

L'étage est essentiellement composé de deux puissantes assises d'argiles et de lumachelles plus ou moins sableuses, séparées l'une de l'autre par un banc, très remarquable et très constant, de calcaire compacte lithographique. A la base du système argileux inférieur, on observe, en un seul point du Bray, sur le chemin de Louvicamp à Beaussault, une couche d'un grès calcaire sableux, à odeur fétide, avec moules de fossiles, parmi lesquels des trigonies et de grandes astartes. Il se pourrait que cette couche, à peine visible, et dont la faune n'a pas encore été étudiée, appartînt à l'une des zones inférieures du grand étage kimméridien, c'est-à-dire

Grès calcaire.

au ptérocérien ou à l'astartien. En tout cas, tout ce qui la surmonte doit être rangé sans hésitation dans la zone supérieure, celle que les géologues de l'est ont appelée étage *virgulien.*

Le système argileux inférieur peut être étudié, soit aux environs de Louvicamp, entre Compainville et Beaussault, où son épaisseur est assez réduite, soit plutôt dans les ravins qui entament le haut Bray, et surtout sur son versant septentrional, aux abords des deux routes de Gournay à Songeons et de Gournay à Gerberoy. La descente de cette dernière route, depuis le point culminant voisin de Belle-Fontaine jusqu'au thalweg qui descend à Wambez, est tout entière dans cette formation. On y observe des argiles bleues et noires, pyriteuses, des dalles minces de grès noirâtres, et surtout des lumachelles argilo-sableuses, peu agglomérées, et où pullule l'*Ostrea virgula.*

Au sommet de ce système, les lumachelles changent de caractère; elles s'agglomèrent en bancs solides, propres aux constructions, intercalés entre des couches franchement sableuses, où les lumachelles forment plutôt des amandes irrégulières que des couches continues. Ces bancs solides s'observent bien sur les rives de l'Epte, aux environs d'Haussez; mais on les voit encore beaucoup mieux dans les tranchées du chemin de fer entre la station de Gancourt-Saint-Étienne et celle de Saumont-la-Poterie. On remarque en même temps que la partie supérieure des lumachelles se mélange de calcaire marneux ou compacte, de manière à ménager la transition entre le système inférieur et le système moyen, celui du *calcaire compacte lithographique.*

Cette assise est la plus caractéristique de l'étage kimméridien dans le Bray : non qu'elle ait une grande épaisseur, car sa puissance ne dépasse pas quatre mètres. Mais elle est très constante, et, de plus, comme c'est la seule couche solide continue que l'étage renferme, elle a mieux résisté que les autres aux agents d'érosion. Les croupes du haut Bray sont donc, sur de grandes étendues, formées par l'affleurement de cette assise, qui se trahit de loin par le nombre immense de petits cailloux blancs anguleux dont la surface des champs est jonchée.

Argiles et lumachelles inférieures.

Calcaire compacte lithographique.

Le calcaire lithographique est formé par une succession de bancs minces, de 0ᵐ,20 à 0ᵐ,30 au plus, divisés en prismes irréguliers par une infinité de fissures, et se débitant à l'air en fragments qui ont à peu près la dimension exigée pour les cailloux d'empierrement. Le calcaire est parfois marneux, le plus souvent dur et à cassure franchement lithographique. Sa couleur varie du blanc au jaune clair ; quelques morceaux sont nettement rosés, surtout au voisinage des lumachelles. Les seuls fossiles qu'on y rencontre sont une ammonite voisine de l'*Ammonites gigas*, Ziet, et, dans les parties marneuses, la *Gervillia kimmeridgiensis*.

Ce système fournit un excellent caillou d'empierrement. On l'exploite à peu près partout pour cet usage, notamment près de Beaussault, à Haussez, où la Compagnie de l'Ouest a pris tout le ballast destiné à la section de Forges à Gournay, enfin près de Bazincourt, sur la route de Gournay à Gerberoy. Les excavations pratiquées pour cet objet ont rarement plus d'un mètre de profondeur et disparaissent, par suite, assez rapidement.

La surface d'affleurement, d'ailleurs très étendue, du calcaire lithographique est presque entièrement occupée par des champs labourés. C'est même à peu près la seule partie du haut Bray où la culture des céréales soit sérieusement représentée. Il ne faudrait pas croire, néanmoins, que cette zone fût tout à fait impropre aux pâturages. L'état fragmentaire du calcaire, son mélange intime avec une terre grasse provenant de l'altération des argiles qui le recouvraient avant l'érosion de la surface, font que, sur beaucoup de points, on a pu y créer des herbages. Néanmoins, là où la masse des cailloux qui jonchent le sol est considérable, la chaleur rayonnée par ces pierres de couleur claire et à faces unies contrarie la croissance de l'herbe, tandis qu'elle se prête très bien à la maturation des céréales. Aussi la partie du Bray occupée par cette formation semble-t-elle destinée à demeurer toujours une zone à part, dont la teinte brune et l'aspect découvert contrastent avec la verdure et l'extrême morcellement des herbages assis sur les marnes et les argiles.

Argiles
et lumachelles
supérieures.

Au-dessus du calcaire lithographique, et intimement relié avec lui par des lumachelles bréchiformes semblables à celles qui lui servent de base, repose un second système d'argiles et de lumachelles. Les argiles sont, comme celles du système inférieur, bleues ou noires et pyriteuses. Les lumachelles sont, tantôt arénacées, tantôt compactes et formant ce que M. Brongniart avait appelé la *lumachelle virgulaire*, à cause de l'abondance des petites huîtres dont elles sont pétries, et avec lesquelles on ne rencontre guère que des gervillies. L'*Ostrea virgula*, petite et finement striée dans les argiles, est très grande et bilobée dans les lumachelles.

A ce système sont subordonnés quelques bancs minces d'un calcaire marneux souvent lithographique, qu'on observe aux environs de Gancourt et qu'on serait parfois exposé à confondre avec le calcaire lithographique moyen, surtout lorsque, par son association avec des lumachelles compactes, il forme une assise dure de quelque épaisseur. Mais il s'en distingue nettement, d'abord par sa moindre puissance, puis par l'irrégularité de son grain, sa texture bien plus marneuse, le grand nombre de petits moules de fossiles qu'il contient parfois, enfin par sa position voisine du sommet de l'étage kimméridien. Les lumachelles dures qui lui sont associées forment, aux environs d'Hécourt et de Saint-Quentin-des-Prés, une roche susceptible de poli et qui a été exploitée autrefois sous le nom de *marbre* ou *lumachelle d'Hécourt*. Marbre d'Hécourt.

L'épaisseur du système supérieur paraît atteindre son maximum aux environs de Gournay, où elle est d'environ soixante mètres. En ce point, Puissance de l'étage kimméridien. le calcaire compacte a trois ou quatre mètres. Enfin, on ne peut guère évaluer à moins de soixante mètres l'épaisseur normale de la série inférieure entre le sommet de Belle-Fontaine et le thalweg qui sépare Bois-Aubert de Wambez. Il en résulterait que la puissance totale de l'étage kimméridien dans le pays de Bray devrait être fixée à cent vingt mètres au moins. C'est à peu près le double de la puissance que M. Pellat lui assigne dans le bas Boulonnais. Encore la série kimméridienne est-elle complète aux environs de Boulogne-sur-mer, tandis que, dans le Bray, il est fort douteux qu'on en ait atteint la base.

Il convient de plus de signaler la frappante régularité de composition que présente cet étage, qu'on l'observe à la pointe nord de son affleurement, près de Neufchâtel, ou à la pointe sud, près de Villembray. A part une notable augmentation d'épaisseur vers le sud, où le système des argiles et lumachelles supérieures a vingt mètres de plus qu'au nord, et quelques petites différences sur lesquelles nous aurons ultérieurement l'occasion de revenir, la succession des systèmes est partout la même et atteste que le dépôt de l'étage kimméridien du Bray, bien qu'ayant eu lieu dans une mer peu profonde, a dû s'accomplir dans des conditions de tranquillité particulières.

ÉTAGE PORTLANDIEN

§ 10.

PORTLANDIEN INFÉRIEUR. GRÈS GLAUCONIEUX ET CALCAIRES MARNEUX.

Les assises qui succèdent immédiatement aux lumachelles à *Ostrea virgula* ont été jusqu'ici, d'un commun accord, rangées dans l'étage portlandien. Elles correspondent bien, en effet, au portlandien du Barrois et à celui du Jura. Néanmoins, ainsi que l'a démontré M. Pellat dans ses travaux sur le bas Boulonnais, l'équivalent de ces assises se trouve, pour la majeure partie, en Angleterre, dans la zone supérieure du *Kimmeridge-clay*. Si donc il fallait restreindre la dénomination de portlandien aux couches synchroniques du *Portland-stone* et du *Portland-sand* des Anglais, la plus grande partie du portlandien du Bray, comme de celui du bas Boulonnais ou du Barrois, devrait être rattachée, au moins à titre de sous-étage, au kimméridien. Cependant, pour nous conformer à l'usage, nous continuerons à nous servir du nom de portlandien dans le sens que lui attribuait Alc. d'Orbigny. D'ailleurs, la fin des argiles et lumachelles virguliennes dans le Bray est marquée par un changement assez important dans les sédiments et dans la faune pour que la description des assises qui vont suivre soit nettement séparée de celle de l'étage kimméridien.

L'étage portlandien, ainsi compris, débute, dans tout le Bray, par une marne calcaire, tantôt bleue, tantôt blanche et rognonneuse, caractérisée par de nombreuses anomies (*Anomia lævigata*, Fitton) et par une exogyre costulée, triangulaire et dépourvue de stries, qui paraît identique avec une huître du portlandien de la Haute-Marne, décrite par M. de Loriol sous le nom d'*Ostrea catalaunica*. Cette huître se recueille en abondance en divers points, notamment à Beuvreil, dans la tranchée de la route qui conduit de Dampierre à la station de Gancourt-Saint-Étienne, dans la tranchée de la gare des marchandises à Saumont-la-Poterie, aux abords des villages de Saint-Michel-d'Halescourt et de Courcelles, ainsi qu'auprès d'Hannaches et de Villembray. Son apparition fournit un point de repère d'une extrême netteté. C'est au-dessous seulement que se trouve l'*Ostrea virgula* striée, et jamais nous n'avons vu cette dernière se mélanger avec l'*Ostrea catalaunica*, laquelle, de son côté, ne descend jamais plus bas, tandis qu'elle occupe toute la hauteur de l'étage portlandien inférieur. Cette observation établit, entre le portlandien et le kimméridien du Bray, une séparation plus tranchée que partout ailleurs, reposant sur la présence ou l'absence d'un fossile parfaitement caractérisé, toujours abondant à son niveau et facile à reconnaître à travers la variabilité de contour extérieur dont il est susceptible.

Au-dessus de la marne rognonneuse à *Ostrea catalaunica* apparaissent de minces plaquettes de grès calcaire, remarquables par l'abondance de l'*Anomia lævigata*. Ces plaquettes calcaires, qui, près de Dampierre, contiennent parfois de petits oursins du genre *Hemicidaris*, sont, en certains points, assez dures et assez chargées de grains de quartz pour qu'on les exploite pour l'empierrement. C'est ce qui arrive au bas du chemin de Ménerval à Gaillefontaine, où elles seraient, en raison de leur aspect, aisément confondues avec un système gréseux supérieur dont nous parlerons plus loin. On les retrouve encore, sous la forme d'un grès calcaire très solide, en bancs d'environ 0^m,60, dans la tranchée qui précède immédiatement la station de Neufchâtel, où les bancs de grès plongent fortement vers le nord-

Marginal notes:

Couche à Ostrea catalaunica.

Grès calcaire à Anomies.

ouest et constituent une assise de 5 mètres d'épaisseur, directement superposée à la marne bleue à *Ostrea catalaunica.* Le grès, un peu sableux, contient quelques cailloux siliceux, des anomies et des *Echinobrissus.*

Calcaires marneux. Au-dessus de ce système de grès calcaire sableux, qui marque comme une première tentative du faciès arénacé au milieu d'une masse où dominent les sédiments argileux, on observe une assise, épaisse de 15 à 20 mètres, de marnes bleues et de calcaires marneux, d'un blanc jaunâtre à l'extérieur, souvent bleus à l'intérieur, et n'offrant que rarement la dureté et le grain des calcaires lithographiques. Les marnes bleues sont très calcaires, peu grasses, non ébouleuses, et se débitent à l'air en fragments durs et aciculaires. Elles contiennent des anomies et des huîtres, tandis que les calcaires paraissent totalement dépourvus de fossiles. On les observe dans la tranchée qui précède Neufchâtel, puis au-dessous du Mesnil-Mauger, où le chemin de fer y a ouvert une carrière pour remblai, enfin sur le bord de l'Epte, au pied de Cuy-Saint-Fiacre.

Grès calcaires glauconieux. A ce système succède l'assise la plus caractéristique de l'étage dans le Bray, celle des grès calcaires glauconieux, avec sables et calcaires marneux subordonnés. Dans le sud du Bray, cette assise est plutôt marneuse et calcaire, et forme une lumachelle à *Ostrea bruntrutana,* Thurm., *O. spiralis,* Goldf. et *O. matronensis,* de Lor. C'est cette lumachelle qu'on observe sous l'église d'Hodenc-en-Bray et près de la ferme de Courcelles-sous-le-Bois, pointe extrême de l'affleurement de l'étage vers le sud-ouest.

Mais, à mesure qu'on s'avance vers le nord, le faciès calcaire devient de plus en plus subordonné, et l'on voit apparaître une assise de sable quartzeux et glauconieux, avec plaquettes intercalées de grès et de calcaire marneux; les plaquettes, bien que toujours horizontales, sont peu continues et se désagrègent parfois assez facilement ; d'autres fois, au contraire, un ciment abondant les a transformées en grès compacte et lustré. Le sable est à grain assez fin, quelquefois un peu argileux, et devient roux à l'air par suite de l'altération de la glauconie. Le calcaire marneux est généralement durci, d'apparence lithographique; fréquemment il est en fragments anguleux disséminés au milieu du sable ou du grès, et l'on pourrait être tenté d'y voir une brèche formée par la destruction d'un calcaire solide. Mais il est aisé de se convaincre que ce sont seulement des noyaux de matière calcaire qui se sont concentrés, par voie de départ, dans la masse du sable. Leur présence atteste la lutte qui s'établissait déjà, dans cette région, entre l'élément sableux, qui prédomine à ce niveau dans le bas Boulonnais, et l'élément calcaire, exclusivement dominant dans le portlandien inférieur de l'est.

Le grès fournit des dalles exploitées pour les constructions à Saint-Michel d'Halescourt, à Courcelles, etc. La variété rognonneuse, pétrie de fossiles, sert à l'entretien des routes à Pommereux et à La Bellière. L'ensemble du système était facile à étudier, lors de la construction du chemin de fer de Forges à Neufchâtel, dans un emprunt pour ballast fait par la Compagnie de l'Ouest à la ferme des Pentes, près du Mesnil-Mauger. Deux oursins pullulaient dans cette carrière; c'étaient les *Hemicidaris Hofmanni*, Cott., et les *Echinobrissus Haimei*. Les premiers étaient dans un état de conservation remarquable; non seulement la plupart des radioles y adhéraient encore, mais plusieurs de ces oursins avaient gardé leur lanterne d'Aristote.

Le système sableux est généralement couronné par une assise solide, Poudingue supérieur. en plusieurs bancs, de grès glauconieux calcarifère fortement agrégé ; ce grès est formé de grains calcaires, de débris fossiles et de glauconie avec quelques grains de quartz ; dans la masse apparaissent des galets roulés de roches siliceuses anciennes, souvent de la grosseur d'une noix ; les uns sont constitués par du quartz laiteux, les autres par des quartzites noirs ou brun foncé, dont la couleur tranche nettement sur la pâte claire du grès. On y trouve quelques dents de poissons et une profusion d'anomies, avec les *Trigonia bononiensis*, Lor., *Pecten nudus*, Buv., *Ostrea bruntrutana*, Thurm., et une huître costulée qui paraît être une petite variété de l'*O. catalaunica*. Ce poudingue calcarifère est bien développé au-dessus de Compainville, ainsi qu'à la station de Gaillefontaine, à Ménerval et à Dampierre. Partout où il affleure, le sol superficiel contient beaucoup de galets isolés, résultant de la désagrégation de la roche sous-jacente. On l'exploite en beaucoup de points, soit pour moellons, soit pour empierrement. Il est impossible de méconnaître la grande analogie qu'il présente avec le poudingue placé à la base de l'étage portlandien dans le bas Boulonnais.

Puissance de l'étage. L'épaisseur de l'étage portlandien inférieur va en augmentant, du nord au sud du pays de Bray. Aux environs de Neufchâtel, elle est de 35 mètres. A Villembray, elle paraît atteindre 50 mètres. Cette épaisseur se partage à peu près en deux parties égales, ayant pour limite commune la base des grès et sables glauconieux.

Mode de culture. Les terrains où affleure cet étage n'ont pas, en général, de genre de culture qui leur soit essentiellement propre. Quand les couches sont peu inclinées et que les rognons durs y abondent, on les cultive en céréales ; mais souvent le mélange de sables argileux et de couches marneuses permet d'y établir des herbages.

§ 11.

PORTLANDIEN MOYEN. MARNES BLEUES A GRANDES AMMONITES.

L'étage des grès glauconieux est recouvert par une assise très constante, à la fois dans son épaisseur et dans ses caractères minéralogiques, celle des marnes bleues, qui tranchent, par leurs caractères argileux et l'absence complète de couches dures, sur les assises sous-jacentes. Au contact des grès, on observe généralement de petits bancs noirâtres, alternant avec des filets de calcaire marneux et contenant : *Ostrea bruntrutana*, Thurm., *Cardium morinicum*, Lor., des serpules très abondantes et deux ptérocères de très petite taille (tranchée de la station de Gaillefontaine). Puis viennent 10 ou 12 mètres d'une marne argileuse d'un bleu foncé franc, à laquelle sont subordonnés des bancs plus durs de calcaire marneux également bleu, ayant de 20 à 40 centimètres d'épaisseur et présentant la composition des calcaires à ciment. Ces bancs durs contiennent parfois de petits cailloux noirs et d'assez nombreux moules de fossiles, notamment de très grandes ammonites, atteignant jusqu'à 40 centimètres de diamètre. Dans les marnes, on observe fréquemment du lignite imprégné de pyrite de fer avec cristaux de gypse. Le plus souvent, ces marnes sont franchement argileuses. Cependant les talus qu'elles forment se maintiennent assez bien. Parfois elles passent latéralement à des calcaires marneux ou rognonneux de couleur blanchâtre ; mais cette transformation n'est jamais que partielle.

Cet étage, dans lequel il est facile de reconnaître l'exact équivalent des argiles portlandiennes à *Ostrea expansa* des falaises du Boulonnais, a fourni, lors de la construction du chemin de fer entre Serqueux et Gaillefontaine, de nombreux fossiles. Nous citerons : Vertèbres d'*Ichthyosaurus*; *Ammonites biplex,* Sow (*A. rotundus* de quelques auteurs); *Pleurotomaria Rozeti,* de Lor.; *Ostrea expansa,* Sow.; *O. Bruntrutana,* Thurm.; *O. dubiensis,* Contej.; *Perna Bouchardi,* Opp.; *Trigonia Pellati,* Mun. Ch.; *Cardium Pellati,* de Lor.; *Pleuromya tellina,* Ag,; *Acrosalenia Kœnigi,* Wright, et quelques petites astartes. Les tranchées du chemin de fer étant aujourd'hui gazonnées, il y a très peu d'endroits dans le pays de Bray où l'on puisse bien étudier les marnes bleues. Elles forment une zone particulièrement humide et bourbeuse, toujours couverte de prairies et où le sol naturel échapperait complètement à l'observation sans la teinte bleue nettement caractérisée des ornières et des traces laissées, aux abords des mares, par le pied des animaux. On les reconnaît à ces indices en beaucoup de points, mais sans pouvoir y trouver en général autre chose que de petites huîtres et encore pourvu que les talus des chemins qui les entament aient été récemment rafraîchis. C'est dans ces conditions qu'on les observe aux environs de Neufchâtel, de Neuville-Ferrières, du Mesnil-Mauger, de La Bellière, etc. On les voit aussi à l'entrée du bois de Villembray et dans le chemin creux de Saint-Clair-sur-Epte.

§ 12.

PORTLANDIEN SUPÉRIEUR. GRÈS FERRUGINEUX ET SABLES A TRIGONIA GIBBOSA.

L'assise supérieure du terrain jurassique dans le Bray est formée par un système dont la puissance dépasse rarement 8 ou 10 mètres et où dominent les grès et les sables ferrugineux, associés à des argiles bariolées, ces dernières occupant toujours la base de l'étage. Ce système, qui correspond au *Portland-sand* et au *Portland-stone* des Anglais, ne conserve pas, d'un bout à l'autre du Bray, une composition constante, et il convient d'y distinguer trois types principaux.

Type septentrional. Le premier est développé dans la partie septentrionale de la contrée, entre Neufchâtel et Gaillefontaine. On y remarque, à la base, un grès glauconieux, tantôt meuble, tantôt fortement agglutiné et qui rappelle bien le *Portland-sand* glauconieux du Bas-Boulonnais. Il contient des *Trigonies,* des *Pernes,* ainsi que l'*Ammonites biplex,* Sow. Ce grès n'est visible qu'à la Butte, près de Nesle, où l'on voit affleurer, avec une inclinaison sensible vers le nord-est, deux couches ayant chacune un mètre d'épaisseur et ne pouvant donner que du moellon.

Grès ferrugineux. Au-dessus, on observe un grès siliceux et ferrugineux, à cassure esquilleuse et tranchante, présentant une pâte d'un brun rouge foncé, sur laquelle les sections transversales des Trigonies ressortent en blanc bleuâtre. Ce grès paraît n'être qu'un accident ferrugineux caractérisant le sommet d'une assise siliceuse qui possède la texture et la couleur du biscuit; quelquefois cette assise semble constituée par un sable grenu, rude au toucher; mais, en y regardant de près, on aperçoit de nombreuses apparences organiques, et il est facile de voir dans quelques gisements, notamment à l'exploitation de moellons de la Butte de Nesle-Hodeng, que ce sable est uniquement formé par une agglomération de moules siliceux de petits mollusques. Les seules espèces qui aient conservé leur test appartiennent au genre *Natica* et probablement à l'espèce *N. Ceres;* les autres sont des moules, transformés en demi-opale blanche, de *Cerithium, Turbo, Acteonina, Dentalium, Corbula,* etc. Tous ces fossiles sont presque microscopiques et constituent une faunule semblable à celle qui caractérise les couches tout à fait supérieures du portlandien dans le bas Boulonnais. Pour compléter cette ressemblance, le grès ferrugineux est pétri de Trigonies, *Trigonia gibbosa,* Sow., *T. incurva,* Bennett, *T. Edmundi,* Mun. Ch., etc., également transformées en demi-opale et souvent couvertes d'orbicules de silice. Quelquefois le sable a été transformé, par un ciment siliceux, en une pâte blanchâtre, sur laquelle les fossiles se détachent en jaune roux ; plus souvent les éléments sont faiblement agglomérés et constituent des couches de grès biscuit, épaisses de 15 ou 20 centimètres et remarquables par leur extrême légèreté, tout à fait comparable à celle de la gaize crétacée, dont elles ont aussi l'aspect. Cependant l'analyse chimique n'y révèle pas de silice gélatineuse. Le grès biscuit, pénétré de silice opale, s'observait bien dans la tranchée de Normanville, près de Longmesnil, où il était caractérisé par de nombreux fossiles, notamment par un *Mytilus* d'espèce nouvelle. Au-dessus venaient des plaquettes foncées d'un grès ferrugineux, véritable minerai de fer.

Le second type s'étend depuis les environs de Forges-les-Eaux jusqu'aux approches de Gournay. Son sommet est encore caractérisé par un grès ferrugineux en plaquettes ou en rognons, avec débris de *Trigonies,* reprenant parfois, comme à Courcelles, la texture du grès siliceux supérieur de la Butte, et reposant sur un sable ferrugineux à grain fin, au toucher argileux, où abonde, en quelques points (environs de Longmesnil et de Saint-Michel-d'Halescourt), la *Trigonia gibbosa,* avec son test en silice blanche translucide et couvert d'orbicules de silice. Le grès biscuit n'y apparaît plus qu'en couches subordonnées, et même il disparaît complètement entre Courcelles et Buicourt, pour faire place à un sable roux argilo-siliceux, avec *Dentales* et petites *Huîtres,* très développé à Bois-Héroult, à Torcy et à

Type central.

Fontenay. Dans ces dernières localités, le sable roux, peu fossilifère, atteint 12 à 15 mètres d'épaisseur.

Argile bariolée.   A la base de cette assise sont des argiles bariolées de vert et de rouge, contenant seulement quelques huîtres siliceuses (*Ostrea spiralis*, Goldf.). Ces argiles, qui n'ont guère plus de 3 mètres d'épaisseur, sont extrêmement coulantes, et leur mobilité a été la source de beaucoup de difficultés dans l'exécution des tranchées du chemin de fer de Rouen à Amiens, entre Forges et Gaillefontaine. Quelquefois elles sont remplacées par un sable vert ou un sable noir argileux; c'est ce qu'on pouvait constater dans la tranchée dite du Fossé; c'est ce qu'on observe encore à Courcelles.

Type méridional.   Enfin, le troisième type commence à se développer, d'un côté, près de Gournay, de l'autre, près de Fontenay. Les grès ferrugineux en plaquettes occupent bien toujours la partie supérieure; mais ils sont devenus géodiques. Au premier abord, on croirait n'avoir affaire qu'à de simples concentrations du peroxyde de fer dans la masse du sable roux; mais, en les examinant de près, on y reconnaît les indices d'une structure organique, et bientôt on peut s'assurer que ces grès géodiques peuvent offrir tous les passages possibles depuis les concrétions indistinctes jusqu'aux moules les mieux formés de Trigonies, telles que *Trigonia gibbosa, T. radiata*, etc. On assiste donc, pour ainsi dire, à la disparition progressive de la forme organique et à son remplacement par l'oxyde de fer amorphe. Ce phénomène s'observe aisément à Mont-Hulin, entre Villers-Vermont et Fontenay, à la gare de Gournay-Ferrières, ainsi qu'à Auchy-en-Bray, dans le chemin creux qui descend vers le château de Ferrières.

Cette observation est capitale en ce qu'elle montre bien l'intime corrélation des fers géodiques du Bray avec le portlandien à Trigonies, tandis qu'au premier abord, la grande ressemblance de ces fers avec ceux de la Haute-Marne avait conduit quelques observateurs à les considérer comme une dépendance du terrain crétacé.

Sable verdâtre.   Au-dessous des plaquettes géodiques, on voit une assise de sable argileux verdâtre, au toucher fin, puissamment développée dans la tranchée de la gare de Gournay, où son épaisseur dépasse 12 mètres. Ce sable vert est parfois faiblement aggloméré en un grès verdâtre friable, et on l'observe sous cette forme à Goulancourt, ainsi qu'à Buicourt et à Glatigny. On y voit aussi, à Gournay, des couches dures ou plutôt de gros rognons avec *Anomies, Ammonites, Pecten morinicus,* de Lor., *Pleuromya tellina,* Ag., et de grands moules de *Cardium.* A la partie supérieure, près des plaquettes ferrugineuses avec empreintes de Trigonies, se trouve une mince couche d'une marne schisteuse très coulante, d'un gris argentin clair, parsemée de taches rousses et particulièrement grasse au toucher. Cette marne, bien distincte des glaises crétacées, se retrouve, à l'état plus ou moins rudimentaire, en beaucoup de points des gisements du premier et du second type.

En approchant de la pointe sud-ouest du Bray, on voit l'étage portlandien supérieur se modifier d'une manière assez sensible. Près de Goulancourt, les grès ferrugineux associés au sable verdâtre perdent leur caractère géodique et se transforment en poudingues à grains de quartz de la grosseur d'un pois, avec quelques plus gros galets siliceux parfaitement arrondis. En face de Blacourt, ces galets prennent des dimensions notables, jusqu'à 6 à 7 centimètres de longueur, et jonchent le sol, par-dessus une marne jaunâtre, entre Blacourt et Amuchy. Enfin, à Glatigny, on voit plusieurs cordons de ces galets dans un sable ferrugineux immédiatement inférieur aux argiles néocomiennes. Tantôt ce sable est presque blanc, avec cailloux disséminés, tantôt il est extraordinairement rouge. Dans certains points, il contient des coquilles jurassiques roulées. Au premier abord, en voyant cette formation détritique, on est tenté de la considérer comme formant la base du terrain crétacé. Mais, d'abord, si cela était, cette base manquerait dans presque tout le Bray, et, en revanche, l'étage ferrugineux, si constant au sommet du terrain jurassique, ferait défaut ici. En outre, le conglomérat de Glatigny est recouvert par des grès verdâtres tout à fait semblables à ceux de Gournay. Enfin, il est associé de la manière la plus intime à de petites couches ou amas de marne grasse schisteuse d'un gris argentin, identique avec celle de la tranchée de Gournay. Ajoutons que ce système repose sur un sable argileux bariolé de rouge et de vert,

Poudingue.

qui représente évidemment les argiles bariolées de la région du Nord.
C'est donc bien l'équivalent du grès ferrugineux et du sable siliceux,
constitué, en ce point, à l'état de sable à galets. Ce sable a d'ailleurs tous
les caractères d'une alluvion fluviale, et il ne serait pas impossible qu'on
dût le considérer comme l'analogue des couches de Purbeck ; mais l'absence
de fossiles ne permet pas actuellement de résoudre cette question. En tout
cas, ce que l'on peut affirmer, c'est que la limite entre l'étage portlandien
et les sables crétacés devient de moins en moins facile à tracer à mesure
qu'on se rapproche de la pointe méridionale du Bray.

Le dernier affleurement visible, dans cette direction, du portlandien
supérieur s'observe sur la route d'Armentières à Savignies, à la première
montée qui suit le hameau de la Fresnoye. La marne grasse à taches
rousses y apparaît au sommet d'un sable verdâtre, que couronne un grès
ferrugineux carié, associé à un poudingue également ferrugineux, à grain
assez fin.

Le portlandien supérieur, n'occupant jamais qu'une bande de peu de
largeur, n'imprime aux cultures aucune physionomie particulière.

TERRAIN CRÉTACÉ.

ÉTAGE NÉOCOMIEN

§ 13.

NÉOCOMIEN INFÉRIEUR. SABLES BLANCS ET ARGILES RÉFRACTAIRES.

Les grès et sables ferrugineux du portlandien supérieur sont recouverts par une formation dans laquelle M. Graves a depuis longtemps reconnu l'équivalent, à faciès lacustre dominant, du groupe néocomien de la Haute-Marne et du Jura.

L'assise inférieure de cette formation est constituée par un système de sables blancs avec argiles réfractaires, offrant, par sa nature minéralogique aussi bien que par les débris de fougères qu'il contient, la plus grande analogie avec le *Weald-clay* du sud de l'Angleterre. En général, la base de cette assise, au contact du terrain jurassique, consiste en une couche d'argile compacte, de couleur gris foncé quand elle est humide, devenant à l'air d'un gris argentin. Puis viennent de 15 à 25 mètres de sables blancs, surmontés eux-mêmes par des argiles schisteuses d'un gris clair, légèrement violacé. Cette succession est parfaitement nette, régulière et constante. On l'observe dès la première apparition de l'étage, aux environs de

Saint-Paul et de la Chapelle-aux-Pots. On la retrouve non moins bien caractérisée en face de Gournay ainsi que dans toute la région de Forges, et c'est elle encore qui prévaut aux environs de Neufchâtel, jusqu'au point où la formation disparaît définitivement sous les étages supérieurs du terrain crétacé.

Sables blancs. Les sables sont quartzeux, à grain fin, un peu micacés, extrêmement blancs et très finement stratifiés, mais la plupart du temps en couches obliques, comme s'il y avait eu un transport dans des eaux un peu agitées. Dans la partie méridionale du Bray, ils sont veinés par une infinité de petites couches noires formées de particules de charbon. Il est aisé de voir que ces particules ont une origine végétale et sont, en grande majorité, des fragments de fougères appartenant à l'espèce *Lonchopteris Mantelli*, Brongn. Les sables à fougères s'observent bien à la sablonnière de Saint-Paul, ainsi qu'aux environs de la Chapelle-aux-Pots et de Savignies. Plus au nord, les sables restant blancs, le charbon disparaît, et la masse est parsemée de couches jaunes légèrement ferrugineuses, faciles à observer aux environs des Noyers, ou bien encore entre Forges et Gournay et à la station de Serqueux. Quelquefois il s'y développe de véritables assises de grès ferrugineux à débris de végétaux; mais ces grès y sont beaucoup plus rares que dans l'étage supérieur du système néocomien.

Les sables blancs, quand ils sont bien exempts de fer et de charbon, sont employés à la fabrication du verre. Ceux de Wambez conviennent particulièrement à cet objet. Il y a également des sables très blancs sur le chemin de Serqueux à la Rosière, au mont Grippon et à la montée du mont Jean, près de Neufchâtel.

Glaise réfractaire. La glaise est un élément essentiel de cette formation. Jamais les sables n'en sont complètement exempts; elle y forme, soit des veines minces schisteuses et irrégulières, d'un gris violacé, contenant également des fougères carbonisées et occupant la partie supérieure des sables, soit des amas irréguliers d'argile plastique grise ou blanchâtre, concentrés à la base du système. Au Béquet, près de Saint-Paul, une glaise gris clair, dite *terre à plommure* ou à *plombure*, forme un amas puissant de 5 à 6 mètres au sommet de l'étage des sables blancs ; elle est réfractaire et on l'emploie à la fabrication de la faïence et à celle des briques et des creusets de verrerie. Mais le plus souvent la terre réfractaire est à la base de l'étage ; c'est ainsi qu'on l'observe dans la région de Forges-les-Eaux, où elle est le plus activement exploitée. La meilleure variété est d'un gris argentin, bleuâtre et blanchissant à l'air ; elle se découpe en blocs à cassure luisante et n'est point feuilletée. On y a trouvé 63 pour 100 de silice et 16 pour 100 d'alumine, avec une quantité d'oxyde de fer ne dépassant pas 8 pour 100. La glaise est d'autant plus estimée qu'elle contient moins de sable ; les variétés les moins pures servent à la fabrication des carreaux de mosaïque. L'irrégularité des gîtes est extrême ; deux puits voisins peuvent donner des résultats très différents et les amas d'argile au milieu du sable ont souvent la forme de boules isolées. Tandis qu'à Forges ces amas sont puissants et nombreux, tout près de là, à Serqueux, le sable est presque sans mélange, et c'est à peine si ses couches inférieures contiennent un peu d'argile. À la tranchée des Noyers, où les sables blancs avaient une épaisseur considérable, il n'y avait pas non plus de glaises franches ; on observait seulement, à la base, une argile sableuse d'un gris rosé, avec des empreintes végétales très peu nettes, mais qui appartenaient certainement à une plante distincte des *Lonchopteris*. Néanmoins, des recherches dirigées récemment tout près de la tranchée ont amené la découverte d'argiles réfractaires entièrement semblables à celles de Forges, et des travaux encore plus récents, exécutés auprès de Grumesnil, ont montré qu'à part l'irrégularité des gîtes et leur concentration en amas d'inégale épaisseur, on pouvait s'attendre à rencontrer presque partout la glaise réfractaire à la base des sables blancs.

Jusqu'en 1876, les exploitations, presque toujours souterraines, de terre réfractaire étaient à peu près concentrées aux environs de Forges, près de Neufchâtel, dans le bois de la ferme de l'Hôpital, à Saumont-la-Poterie, à Villers-Vermont, dans les bois de Canny-sur-Thérain et sur le tertre de Cuy-Saint-Fiacre. Aucun gisement n'avait encore été reconnu à l'est de Gournay. Cependant la composition géologique de l'étage demeurait la même depuis Cuy-Saint-Fiacre jusqu'à Saint-Paul ; toujours les che-

Exploitations de terre réfractaire.

mins creux qui en entamaient la base laissaient voir une argile grise très tenace, semblable à celle de Forges; et si cette argile ne se montrait pas plus continue, il était permis de l'attribuer à ce que les sables, facilement entraînés par les eaux, en masquaient le plus souvent l'affleurement. Cette induction a trouvé sa confirmation dans le succès des recherches entreprises, en 1877, sur le tertre de Ferrières et d'Auchy, près de Gournay. Partout, à la base des sables blancs, on y a rencontré la terre réfractaire, et il y a lieu de penser qu'on ne serait pas moins heureux si l'on poursuivait ces recherches, de proche en proche, jusqu'aux abords de Saint-Paul. La seule chose qu'il soit impossible de garantir *a priori*, c'est la qualité de la glaise; car les propriétés réfractaires n'appartiennent qu'aux variétés parfaitement exemptes de sable et non souillées par des taches ferrugineuses. Or, si la géologie permet d'affirmer la continuité du système argileux, elle ne donne aucun moyen de prévoir son degré de pureté.

Les argiles grises plus ou moins sableuses doivent être considérées comme la base du terrain crétacé. Ces argiles et les sables qui les contiennent étant inférieurs à des grès ferrugineux dont les fossiles sont, comme nous le verrons, ceux des marnes ostréennes et du calcaire à spatangues de l'Est, on peut les regarder comme l'équivalent du fer géodique de la Haute-Marne et des sables blancs qui lui sont associés.

Contact du néocomien avec le terrain jurassique.

Les argiles et les sables blancs du Bray pénètrent en poches dans le terrain jurassique sous-jacent, aussi bien dans le portlandien ferrugineux supérieur que dans les marnes bleues qu'il recouvre. Dans les grands travaux de terrassement exécutés aux environs de Forges, plusieurs poches de ce genre ont été mises à découvert. La plus curieuse est celle qu'on pouvait observer, en 1866, sur le chemin de fer, entre Serqueux et les Noyers, dans la tranchée dite de Normanville. Les couches de glaise violette et de glaise grise, séparées par un lit mince de grès ferrugineux, y étaient ployées en demi-ellipse au milieu des marnes jurassiques à *Ammonites rotundus*, sans qu'il y eût, dans le terrain avoisinant, de traces visibles de dislocation. La poche avait 5 ou 6 mètres de diamètre. De même, sur la route qui conduit de la station de Gaillefontaine au bourg de ce nom, après avoir cheminé, jusqu'au point culminant, dans les grès ferrugineux portlandiens à *Trigonia gibbosa*, on entame, dès la première descente, un massif d'argile grise sableuse formant poche au milieu des grès.

Ces pénétrations de l'argile grise au milieu du terrain sous-jacent établissent entre le néocomien et le jurassique du Bray une discordance de stratification incontestable; mais il n'en résulte pas, pour cela, que la surface supérieure du terrain jurassique soit partout ravinée au contact du terrain crétacé. Bien souvent la superposition a lieu par couches horizontales, et, dans ce cas, la base du néocomien est marquée par un petit lit d'argile schisteuse violette.

Une autre conséquence à tirer de la nature spéciale et de l'irrégularité des gisements d'argile, c'est qu'ils doivent probablement leur origine à des phénomènes thermaux. Cette hypothèse n'est nullement incompatible avec la présence des débris de fougères, car on conçoit très bien que des sources chargées des matériaux de la glaise se soient fait jour dans des lacs entourés de végétation. La compacité particulière des argiles, leur éclat brillant, leurs couleurs parfois si vives, contrastent avec les caractères habituels des argiles déposées par voie sédimentaire à l'état de vase, tandis qu'ils s'accordent très bien avec les traits essentiels des argiles lithomarges ou de filons. Il y a plus, en voyant la blancheur exceptionnelle de la masse des sables, on est tenté de les faire dériver d'une source analogue. Une pareille hypothèse, qui eût semblé bien hardie il y a quelques années, alors que M. d'Omalius d'Halloy était presque seul à soutenir la possibilité de l'origine éruptive des sables et des argiles, ne doit plus paraître extraordinaire aujourd'hui qu'on a constaté, sur les plateaux de la Normandie, de nombreux filons remplis par des sables kaolineux et des argiles bariolées ayant fait éruption à travers le terrain tertiaire bouleversé et fracturé.

On sait d'ailleurs que Dumont, l'éminent géologue belge, attribuait une origine geysérienne à des dépôts de sable blanc et d'argile qu'on observe dans le Hainaut et dont il avait fait son étage *aachénien*. Or la plupart des géologues s'accordent aujourd'hui pour placer l'aachénien sur l'horizon du wealdien d'Angleterre et de celui du Bray.

Origine thermale
des argiles.

§ 14.

NÉOCOMIEN MOYEN. — GRÈS FERRUGINEUX
ET ARGILES A POTERIES GRÈS.

Ce système, dont l'épaisseur varie entre 15 et 25 mètres, est formé par des couches alternatives de sables jaunes ou de grès ferrugineux et de glaises noirâtres plus ou moins feuilletées. Dans le sud du Bray, notamment aux environs de Flambermont et du bois de Belloy, le sable est à grain fin, terreux, taché de roux; ses couches superficielles sont assez limoneuses pour qu'on en puisse faire des briques. Dans le reste de la contrée, le sable est jaune ou blanchâtre, légèrement micacé, en couches peu épaisses, et sa masse est souvent interrompue par de minces plaquettes ou écailles d'hématite brune résultant de la concentration de l'oxyde de fer.

Grès ferrugineux. Le grès ferrugineux est très variable ; tantôt c'est un grès à grain fin, comme à Rainvillers, où les couches n'ont que quelques centimètres d'épaisseur, et forment des zones d'un brun foncé au milieu d'un sable très ferrugineux; le grain peut même devenir indiscernable, et il en résulte alors une sorte d'hématite pauvre, à cassure remarquablement plane; tantôt c'est *Minerai de fer.* un minerai rognonneux, constitué par une limonite peu riche en fer, se désagrégeant en menus débris argileux, comme à Saint-Germain-la-Poterie. D'autres fois, c'est une agglomération de débris végétaux, où la structure ligneuse est encore reconnaissable, ou bien un poudingue légèrement ferrugineux, à grains de quartz de petite dimension (village de Saint-Paul). Plus souvent, c'est un minerai géodique ou cloisonné, de temps en temps assez riche, où l'oxyde de fer forme des écailles concentriques et indépendantes les unes des autres autour de noyaux pauvres constitués par du sable micacé (Flambermont, Saint-Paul, route de Forges à la Ferté-Saint-Samson, etc.). Il peut arriver aussi que les rognons aient leur partie centrale constituée par du fer carbonaté lithoïde (tranchée de la butte de Nesle-Hodeng, près de Neufchâtel). Enfin, on observe encore, par exemple dans le bois de Belloy, des grès argileux, sans cohésion, à structure hétérogène, fortement colorés par la sanguine, et offrant, dans leur intérieur, des taches noires à éclat métallique comme celles que produit l'oxyde de manganèse.

Les couches de grès sont assez régulières; leur épaisseur est généralement comprise entre 0^m,50 et 1 mètre. Les points où on peut le mieux les observer sont la tranchée des Noyers, près de Gaillefontaine, où elles sont fortement inclinées, et ressortent en saillie sur le revêtement de gazon qui masque les argiles encaissantes, ainsi que les abords de la route de Savignies à Armentières. Les grès sont également très développés dans le bois de Belloy et dans l'ancienne forêt de Bray, entre Forges et Mézangueville, où ils sont assez durs pour être employés à la construction des chaussées.

Les glaises sont le plus souvent feuilletées ; mais elles prennent parfois la texture compacte des argiles plastiques et se laissent débiter en prismes, comme à la Chapelle-aux-Pots, à Héricourt et à Saint-Germain-la-Poterie. Leur couleur dominante est l'indigo noirâtre foncé, et, dans ce cas, elles sont toujours un peu chargées de lignite et de pyrite; mais on en voit aussi de violettes, de grises, de brunes. La tranchée des Noyers avait même mis au jour, dans ce système, des couches de couleurs très vives, comme le vert clair et le bleu de cobalt. En différents endroits, on y trouve une glaise panachée, qui ne diffère de la véritable argile rose marbrée du néocomien supérieur que par sa faible épaisseur, sa compacité moins grande et l'éclat moins vif de ses marbrures.

Jamais les glaises ne sont complètement exemptes de sable; cet élément apparaît surtout quand les morceaux d'argile sont restés exposés à l'air. Souvent aussi on observe, entre les feuillets de la glaise, des plaquettes ondulées et mamelonnées de grès ferrugineux.

Les sables, les grès et les glaises alternent ensemble de la manière la plus capricieuse ; il n'est pas rare de trouver ces trois éléments réunis dans une épaisseur de moins d'un mètre, sans que pour cela les couches soient

Glaises.

moins régulières; il en résulte une variété de couleurs et de composition qui rend cet étage facilement reconnaissable entre tous les autres.

Fossiles marins de l'étage.

Les grès ferrugineux sont fossilifères aux environs de Saint-Paul et dans la traversée du bois de Belloy. Au-dessous de Saint-Paul, un chemin de traverse conduisant à la crête du mamelon qui domine l'église présente des couches d'un grès ferrugineux avec petits cailloux de quartz, où l'on trouve des moules de coquilles marines appartenant aux genres *Trigonia,* *Cardium, Pleuromya,* etc. M. Graves[1] cite, dans ces grès et d'autres semblables, un assez grand nombre d'espèces. Les seules qui nous aient paru susceptibles d'une détermination rigoureuse sont le *Cardium subhillanum,* Leym. et la *Pleuromya (Panopœa) neocomiensis,* d'Orb. sp. Nous avons recueilli ces deux fossiles, en compagnie de moules de Trigonies et de Gastropodes, dans les grès de Saint-Paul, intercalés au milieu d'argiles noirâtres et à peu de distance au-dessus de la base de l'étage. Les grès fossilifères du Belloy se présentent exactement dans les mêmes conditions. Au même niveau géologique, sur la route de Forges à la Ferté-Saint-Samson, ainsi qu'entre Gaillefontaine et les Noyers, nous avons également trouvé des moules de petites coquilles marines dans des noyaux de sable micacé ou de fer carbonaté, recouverts de fer cloisonné. Mais le plus souvent les recherches de fossiles dans le grès ferrugineux sont infructueuses. En tout cas, elles ne réussissent qu'à un niveau bien déterminé, celui qui est défini par la couche à coquilles de Saint-Paul, contrairement à l'opinion de M. Graves, qui, trompé par l'inclinaison des couches et les difficultés de l'observation, admettait que certaines couches coquillières se trouvaient à la base du terrain néocomien, tandis qu'en réalité elles ne descendent jamais dans les sables blancs inférieurs, dont il a été question dans le paragraphe précédent.

Dans les argiles on trouve quelquefois des moules de coquilles semblables à ceux du grès, et, en outre, des fragments charbonneux appartenant à des végétaux, et dont quelques-uns ont conservé la forme des

[1]. *Topographie géognostique de l'Oise,* 82 et 83.

fougères qui leur ont donné naissance. M. Brongniart y a reconnu les *Lonchopteris Mantelli*, Brongn. et *Pecopteris reticulata*, Mant. Ces fougères se rencontrent également dans les grès avec de nombreux débris de tiges ligneuses.

En résumé, on voit que l'étage des grès ferrugineux et des argiles est surtout une formation d'eau douce, avec une ou plusieurs récurrences marines. Les fossiles marins de cet étage permettent d'ailleurs de le placer à la hauteur du terrain néocomien de la Haute-Marne ; car le *Cardium subhillanum* est une espèce des marnes ostréennes et la *Pleuromya neocomiensis* habite le calcaire à spatangues. Par suite, il y a lieu de considérer le terrain crétacé inférieur du Bray comme établissant la transition entre le faciès principalement marin du néocomien de la Haute-Marne et le faciès lacustre qui domine dans les régions du Nord et du Nord-Ouest, comme le Bas-Boulonnais, en France, et le pays wealdien, en Angleterre. Déjà, du reste, dans la Haute-Marne, les assises marines néocomiennes sont associées à des couches de sables et d'argiles feuilletées offrant une grande ressemblance avec celles du Bray.

M. Cornuel [1] avait pensé que le fer granuleux de Rainvillers et de Saint-Germain-la-Poterie pourrait représenter le minerai dit oolithique de la Haute-Marne ; mais cette hypothèse n'est pas admissible ; car, d'une part, on sait que le minerai oolithique des environs de Vassy est toujours supérieur aux argiles panachées, tandis que le fer granuleux du Bray leur est toujours inférieur, même à Saint-Germain-la-Poterie, où une exploitation de date relativement récente a fait reconnaître, s'appuyant en couches inclinées sur le fer granuleux, l'argile panachée, que M. Graves croyait inférieure au minerai. D'autre part, le minerai du Bray est intimement associé, par ses fossiles, à l'étage inférieur ou à l'étage moyen du néocomien.

En outre, malgré les doutes élevés à cet égard par M. Cornuel [2], il y a lieu de maintenir l'assimilation faite par M. Graves entre les argiles bleues de Saint-Germain-la-Poterie et les terres à pots ordinaires du Bray. Ces ar-

Comparaison avec les autres types néocomiens.

1. *Bulletin de la Société géologique de France.* 2e série, XIX, 985.
2. *Bulletin de la Société géologique de France.* 2e série, XIX, 986.

58   LE PAYS DE BRAY.

giles, avec les grès ferrugineux, plus ou moins fossilifères, qui leur sont
associés forment, nous le répétons, un ensemble indivisible, qui occupe
toujours la même place, bien définie, sous la glaise panachée, et au-dessus
des sables blancs à fougères que nous avons décrits plus haut.

Les grès ferrugineux ont été exploités comme minerai de fer à une
époque très reculée. Les principales extractions avaient lieu aux environs
de Rainvillers, de Saint-Paul, de Saint-Germain-la-Poterie, de Forges-les-
Eaux. On voit encore, au hameau de Sorcy, entre le Béquet et Saint-Germain-la-Poterie, un ancien crassier formé par une accumulation de scories
noires très riches en fer. M. Graves en signale d'autres, aujourd'hui recouverts et masqués par la végétation. Mais, à part quelques exceptions tout à
fait locales, le grès ferrugineux du Bray est un minerai trop pauvre pour
qu'on puisse l'exploiter dans les conditions actuelles de l'industrie métal-
lurgique. En revanche, il suffit pour donner au sol une couleur d'un brun
rouge franc, qui se voit de très loin. Quand la formation est sableuse, l'altération à l'air et la culture lui donnent une consistance limoneuse qui
souvent la ferait confondre avec le limon des plateaux. Les sols de grès
ferrugineux sont généralement boisés; néanmoins on commence à les
mettre en culture par le labourage.

Comme il est naturel de le penser, les grès donnent naissance à un
grand nombre de sources ferrugineuses; très souvent leur affleurement se
trahit, dans un chemin creux, par la teinte rouge et la pellicule irisée superficielle des eaux de suintement. Il est probable que les célèbres sources
de Forges-les-Eaux s'alimentent directement dans les grès ferrugineux ; car
elles sont situées juste sur la ligne d'affleurement du système.

Terres à pots.   Les argiles sont activement recherchées pour les fabriques de poteries
de grès des environs de la Chapelle-aux-Pots, de Saint-Germain-la-Poterie,
de Savignies, etc. On les extrait soit à ciel ouvert, soit par puits. La plupart
des bouteilles à encre, des bonbonnes pour produits chimiques, des poteries vernissées, des fontaines et des tuyaux de cheminées en grès sont
fabriqués avec ces argiles, qui portent dans le pays le nom de *terres à pots*
ou *terres à grès*. Cette fabrication remonte à un temps immémorial, et des

haches polies en silex, qu'on trouve parfois dans le terrain remanié à la surface des gisements de glaise, attestent l'antiquité des extractions.

Dans toute la région septentrionale du Bray, les argiles ne sont développées qu'à l'état de glaises noirâtres feuilletées et ne donnent lieu à aucune exploitation ; mélangées avec de minces couches de sables et des grès ferrugineux, elles forment le sol du versant sud-ouest de la forêt de Bray, le bois de l'Épinay, et couronnent le mont Jean, près de Neufchâtel. On en peut observer une assez belle coupe à la bifurcation de la route de Neufchâtel à Gaillefontaine avec celle de Nesle-Hodeng à Forges-les-Eaux. Assez souvent leur affleurement est masqué par des prairies.

§ 15.

NÉOCOMIEN SUPÉRIEUR. — GLAISE PANACHÉE.

Au-dessus des grès ferrugineux apparaît une formation qui, par sa constance et la netteté de ses caractères extérieurs, constitue l'un des meilleurs horizons géologiques du Bray. C'est celle de la *glaise panachée* ou *argile rose marbrée*. Elle est formée par une argile blanc grisâtre, maculée de rouge sang ou de rose vif, avec taches noires, à éclat métallique, d'oxyde de manganèse. A cette argile sont subordonnés des lits ou des noyaux de grès ferrugineux fortement coloré en rouge, des veines de sable fin argileux et très blanc, et des couches d'argile d'un gris argenté, surtout concentrées à la partie inférieure de l'étage. L'épaisseur de la formation paraît varier entre 15 et 25 mètres.

Le nombre des exploitations ouvertes sur l'affleurement de la glaise panachée est considérable, cette glaise convenant à merveille à la fabrication des tuiles et des tuyaux de drainage, et entrant aussi dans les mélanges

1. *Bulletin de la Société géologique de France,* 2e série, XIX, 985.

destinés à la confection des poteries-grès. Nous citerons seulement, parmi les plus importantes, celles de la route d'Auneuil à Beauvais, du bois de l'Italienne-de-Goincourt, du Pont-qui-penche, des tuileries de Buicourt, de Saint-Germer, des bruyères de Gournay, de la route de Forges-à-Rouen, etc. Partout elle se présente avec les mêmes caractères ; seule, l'intensité de la coloration varie. C'est au sud de Sénéfontaine que la teinte rouge est le plus tranchée ; l'argile y est d'un rose vif presque sans mélange de blanc. Dans le bois de Glatigny, il y a, au milieu de la glaise panachée, de véritables couches de sanguine en plaquettes et en noyaux.

Entre l'Héraule et Saint-Germain-la-Poterie, notamment à Savignies, la glaise panachée semble disparaître momentanément et être remplacée par des sables roses et des grès de couleurs diverses. De plus, entre Glatigny et Hanvoile, elle repose sur des sables à veines rouges très prononcées, parfois agglomérés en grès ferrugineux, qu'il paraît impossible de séparer de la glaise.

La glaise panachée du Bray est identique d'aspect et de manière d'être avec l'argile rose marbrée de la Haute-Marne ; elle occupe d'ailleurs le même niveau géologique, et, comme elle, elle est associée à des sables et grès versicolores. Nous n'hésitons donc pas à la rapporter à cet horizon, comme l'a fait depuis longtemps M. Cornuel.

Disparition de la glaise panachée. — Après s'être constamment montrée, depuis le bois d'Argile, en avant de la falaise du sud-ouest, la glaise panachée disparaît brusquement dans le bois de l'Épinay, entre Forges et Sommery, à peu de distance du point où cesse l'affleurement des sables verts. De même, au pied de la falaise du nord-est, on l'observe sans interruption depuis Vessencourt jusqu'à Gaillefontaine, où elle était encore exploitée il y a quelques années, derrière le petit bois situé à l'intersection de la grande route des Noyers et de l'ancienne voie romaine. Puis, à 100 mètres de ce point, le chemin creux de la voie romaine montre la craie glauconieuse en contact direct, par une faille, avec le néocomien inférieur, sans aucun intermédiaire ; et depuis cet endroit jusqu'au delà de Neufchâtel, dans toutes les tranchées ouvertes au pied de la falaise, la glaise panachée fait défaut, comme les sables verts, lesquels se montrent aussi pour la dernière fois aux Noyers. On peut donc affirmer que l'affleurement extrême, vers le nord-ouest, de l'argile rose marbrée est limité par une ligne allant de Sommery à Gaillefontaine et au delà de laquelle cette partie du terrain crétacé inférieur fait défaut, au moins dans le Bray. On sait d'ailleurs que cette couche n'existe pas dans la falaise de la Hève, et que les sondages de Rouen ne l'ont pas non plus rencontrée. En revanche, il est probable qu'on l'atteindrait sous Paris, dans les forages artésiens entrepris pour la recherche des nappes aquifères inférieures à celle des sables verts.

§ 16.

ÉTAGE APTIEN. — ARGILE A OSTREA AQUILA.

M. Graves[1] a depuis longtemps signalé, aux environs de Vessencourt, au-dessus de l'argile panachée, une argile grise contenant des couches marneuses avec de grandes huîtres (*Exogyra sinuata*, Leym., *Ostrea aquila*, d'Orb.). Cette couche n'est plus visible aujourd'hui, et aucune des nombreuses exploitations actuellement ouvertes en divers endroits dans la glaise panachée ne la met à découvert. Mais le fait cité par M. Graves n'en est pas moins certain. Il a d'ailleurs été confirmé, il y a quelques années, par une fouille pratiquée dans la fabrique de l'Italienne-de-Goincourt, sur le bord de la grande route de Beauvais à Gournay. En creusant le sol pour les fondations d'un nouveau four, on a rencontré dans l'argile grise plusieurs exemplaires de l'*Ostrea aquila*, actuellement déposés au musée de Gisors. A Goincourt, comme à Vessencourt, il existe à ce niveau une marne avec nids de calcaire blanc contenant quelque rares galets d'une roche siliceuse, absolument arrondis et couverts d'un enduit onctueux très carac-

1. *Topographie geognostique de l'Oise*, 59.

téristique. M. Graves y signale aussi du fer carbonaté lithoïde en rognons.
Enfin nous avons observé dans le bois d'Argile, sur le nouveau chemin de
Flambermont à Vaux-Berneuil, une marne ferrugineuse, immédiatement
superposée à la glaise panachée et où se trouvent des moules d'huîtres
spécifiquement indéterminables, mais dans lesquelles il est facile de reconnaître des Exogyres. Ces couches fossilifères présentent évidemment très
peu de continuité ; car, à peu de distance de l'Italienne, une carrière de
glaise ouverte au contact des sables verts et de l'argile panachée ne montre
entre ces deux formations, superposées en concordance, qu'une mince
couche d'argile grise et violacée, avec un lit de sable ferrugineux, le tout
sans fossiles.

Quoi qu'il en soit, il reste démontré que, au moins dans la partie
méridionale du Bray, il existe, ainsi que l'avait reconnu M. Cornuel [1],
quelques rudiments d'un étage marin, synchronique de l'argile à plicatules
ou étage aptien, qui forme le sommet du terrain néocomien dans la Haute-
Marne. La présence des huîtres dans l'argile de l'Italienne prouve que la
mer des argiles aptiennes s'est étendue au moins jusque-là. A-t-elle
dépassé ce point vers l'ouest? Il serait peut-être téméraire de le nier en se
fondant seulement sur ce fait négatif qu'on n'a jamais rencontré de fossiles
à ce niveau qu'au sud-est de Saint-Paul. Cependant la glaise panachée et
les sables verts sont exploités en un si grand nombre de points sur les
deux lèvres du Bray qu'un système fossilifère, s'il existait à leur contact,
eût difficilement échappé à l'observation. En outre, nous ferons remarquer
que la marne ferrugineuse à moules d'exogyres du bois d'Argile, qui semble
représenter le minerai de fer oolithique de la Haute-Marne, ne s'observe
qu'à la pointe extrême de l'affleurement des glaises panachées vers le sud-
est, au moment où ces glaises vont disparaître sous les sables verts. On
serait donc fondé à penser que la pointe sud-est du Bray a vu les derniers
efforts vers le nord-ouest de la mer des argiles à plicatules, dont les sédiments sont si constants et si réguliers dans la Haute-Marne et l'Yonne.

1. *Bulletin de la Société géologique de France*, 2e série, **XIX**, 989.

§ 47.

ÉTAGE ALBIEN; ASSISE INFÉRIEURE : SABLES VERTS.

Les formations qui viennent d'être décrites sont recouvertes par une formation de sables sans fossiles dont la puissance varie entre 20 et 40 mètres et dans laquelle il est facile de reconnaître l'étage des *sables verts* des départements de la Haute-Marne et de la Meuse. Le sable est jaune, à grain fin, quartzeux, sans mica, plus ou moins abondamment mélangé de petits grains verts de glauconie et entremêlé de quelques minces filets d'argile rouge ou verdâtre (le Mesnil-Treflet, route de Forges à Sommery). Quelquefois le sable est fortement coloré par l'oxyde de fer et même aggloméré par places sous forme de grès ferrugineux et de fer géodique ou cloisonné (chemin de Saint-Paul à l'Italienne-de-Goincourt, sablonnière de Saint-Germer, tertre d'Atteville, près Sommery). La glauconie n'est pas uniformément distribuée dans la masse ; elle est plutôt concentrée en veines qui accusent la stratification et, en général, elle ne joue qu'un rôle subordonné relativement au quartz. A la base, le sable est beaucoup plus grossier et plus argileux. Les grains de quartz vert translucide et de silex noir ou brun, de forme irrégulière, mais avec des angles émoussés, atteignent la dimension d'un pois et forment une sorte de poudingue meuble à gangue d'argile verdâtre ou ferrugineuse. C'est ce qu'on observe bien au sud du bois de l'Italienne, dans la tranchée du chemin de fer entre Goincourt et la ferme du Trébot, et enfin auprès du calvaire de Sully, aux environs de Saint-Samson-la-Poterie.

Les sables verts sont très constants, au pied de chacune des deux falaises, dans la partie centrale et dans la partie méridionale du Bray. Leur épaisseur y dépasse 30 mètres. Ils disparaissent entièrement, vers le nord, d'un côté, entre les Noyers et Gaillefontaine, de l'autre, entre Sommery et

Fontaine-en-Bray. Or il est à remarquer que leur disparition coïncide exactement avec l'augmentation d'épaisseur du gault, qui passe, comme nous le verrons, de 6 à 30 mètres. De plus, elle est brusque, et le point où les sables verts cessent de se montrer, dans le ravin de Séquente, près de Fontaine-en-Bray, est voisin du tertre d'Atteville, où ils atteignent leur plus grande épaisseur connue.

Cette circonstance établit entre le gault et les sables verts une affinité si étroite, qu'il y a lieu de penser que ces deux étages seraient plus convenablement réunis en un seul, conformément à la classification de d'Orbigny, qui faisait de l'ensemble du gault et du sable vert son étage *albien*. Toutefois on les a distingués sur la Carte, à cause de leur rôle spécial dans l'hydrographie souterraine du bassin de Paris. En effet, les sables verts forment la nappe aquifère par excellence, tandis que l'argile du gault est la couche imperméable qui comprime cette nappe et la maintient au niveau où les sondages artésiens vont la chercher.

Au pied de la falaise du sud-ouest, par exemple devant la Ferté-Saint-Samson et à l'ouest de Saint-Germer, les sables verts forment parfois des plages ondulées assez étendues, recouvertes d'une végétation très maigre et où l'action prolongée des agents atmosphériques a décoloré le sable, qui paraît alors tout à fait blanc, avec des veines noirâtres imprégnées d'acide humique.

On n'exploite les sables verts que pour la brique et les constructions; ils seraient propres à la moulerie si cette industrie existait dans le Bray. Leur affleurement est le plus souvent masqué, dans le sud de la contrée, par l'argile à silex des bas plateaux. Une sablonnière ouverte dans la traversée du bois de Pecquemont, entre Vessencourt et Auteuil, montre bien les sables verts, que recouvre, en les ravinant, un conglomérat superficiel de silex dans une argile. Il en est de même aux environs de Gournay, d'Auneuil et d'Ons-en-Bray.

§ 18.

L'argile du gault, qui couronne les sables verts, se montre rarement à découvert dans le pays de Bray; car, bien qu'elle soit propre à la confection des tuiles et des tuyaux de drainage, on préfère employer à cet usage l'argile rose marbrée du terrain néocomien, dont elle est toujours extrêmement voisine. On peut cependant signaler quelques exploitations ouvertes dans le gault au bois de la Mare, près d'Ons-en-Bray, au pied de Saint-Germain-la-Poterie, à l'Héraule, à Trépieds, près de Gaillefontaine, et surtout aux tuileries de Quiévrecourt, à côté de Neufchâtel. Quelquefois même, comme à l'Italienne-de-Goincourt et au bois de Mercastel, le gault est exploité pour être mélangé, suivant certaines proportions, avec les argiles à poteries de qualité supérieure.

Très peu épais dans toute la partie méridionale du Bray, où sa puissance dépasse rarement 6 mètres, le gault devient beaucoup plus important aux environs de Neufchâtel. Ainsi, à Saint-Martin-l'Hortier, on a creusé, sans sortir de cet étage, un puits de plus de 30 mètres de profondeur.

L'argile du gault n'est jamais franche comme l'argile plastique ordinaire; elle ne se laisse pas tailler en gros fragments et se résout facilement à l'air en une boue grisâtre; cependant elle est notablement moins calcaire que la gaize qui la surmonte et dont elle se distingue par la manière dont elle se fendille en se desséchant. Sur les parois des exploitations on la voit se diviser par le retrait en une infinité de petits prismes verticaux aux faces irrégulières, et sa surface se couvre de cristaux de sulfate de chaux, produits par la réaction du calcaire sur la pyrite dont le gault est toujours plus ou moins chargé. A Tiersfontaine, près d'Auneuil, un puits foré pendant le siècle dernier a rencontré dans le gault du lignite et de la pyrite de fer en

9

abondance [1]. De temps en temps on observe dans l'argile de petits nodules de phosphorite grisâtre; mais nulle part ils ne forment de couches exploitables. A la partie inférieure du gault, au contact des sables verts, on rencontre quelquefois des rognons d'un conglomérat où les fossiles sont roulés avec des grains de quartz et de la phosphorite; d'autres fois les grains de quartz sont verdâtres et isolés au milieu d'une argile grise mélangée de glauconie; ou bien encore, comme à la montée de la Ferté-Saint-Samson, le contact des deux formations a lieu par l'intermédiaire d'une couche argilo-sablonneuse, à grain fin, avec moules de fossiles indéterminables. Enfin, aux environs de Saint-Sulpice, la base du gault est formée par un sable noir très pyriteux.

Les fossiles du gault sont tantôt pyriteux, tantôt noirâtres et transformés en phosphorite, tantôt aplatis et conservant encore une mince pellicule de leur test nacré; ce dernier état est le plus fréquent. On y reconnaît les *Ammonites Deluci*, Brong., *A. splendens*, Sow., *Ostrea (Exogyra) parvula*, Leym., *Inoceramus sulcatus*, Park., *In. concentricus*, Park., auxquels il faut ajouter des articulations de crustacés (la Butte de Nesle, près de Neufchâtel). Quelquefois les fossiles sont concentrés dans des couches plus dures que le reste de la masse et forment une espèce de grès argileux gris verdâtre.

Les terres dont le gault constitue le sous-sol retiennent fortement les eaux; aussi sont-elles partout converties en pâturages. Cette formation ne joue, du reste, à cause de sa faible épaisseur, qu'un rôle assez insignifiant dans l'orographie du Bray; elle n'acquiert d'importance qu'au delà de Sommery, mais alors sa surface est presque constamment recouverte par un conglomérat plus ou moins épais d'argile à silex (bois des Trois-Oreilles, plateau des Sorengs, bois des Tuileries de Quiévrecourt, tertre du Rambure, etc.).

1. Graves, *Topographie géognostique de l'Oise.*

§ 19.

GAIZE.

Au-dessus du gault se développe une assise qu'on peut considérer comme une formation de passage entre l'étage albien et la craie glauconieuse cénomanienne. Cette formation, dont la puissance atteint 40 ou 45 mètres, se compose essentiellement d'une marne argileuse plus ou moins durcie par de la silice. Quelquefois l'argile domine du haut en bas; mais le plus souvent elle est concentrée à la partie inférieure de l'étage, et les assises supérieures, sur 10 ou 15 mètres d'épaisseur, forment alors une roche très caractéristique, grise et sans solidité quand elle est humide, blanc jaunâtre et dure quand elle est sèche, et remarquable à la fois par sa porosité, sa légèreté et la rudesse de son grain.

On y voit des noyaux de pyrite décomposée et, çà et là, des taches d'un gris bleuâtre, plus dures que le reste de la roche, soit concentrées en petits amas, soit formant des vermiculures au milieu de la pâte jaunâtre de l'ensemble.

Par ces différents caractères, cette roche présente une identité frappante avec la *gaize* ou *pierre morte* de l'Argonne et des Ardennes, formation intercalée, comme chacun sait, entre le gault et la craie glauconieuse et dont le trait saillant est la présence d'une quantité de silice gélatineuse qui peut aller jusqu'à 56 pour 100 [1]. L'assimilation de la roche jaunâtre du Bray avec la gaize de l'Argonne, déjà justifiée par l'identité des niveaux géologiques, est pleinement confirmée par l'analyse chimique. Un échantillon recueilli près de Sommery, analysé au bureau d'essai de l'École des mines, a donné les résultats suivants:

---

1. Sauvage et Buvignier. *Statistique minéralogique et géologique des Ardennes*, 1842, p. 358.

Silice soluble dans la potasse.	33.00
Silice insoluble	42.50
Alumine.	1.57
Peroxyde de fer.	1.40
Chaux	7.20
Magnésie	3.00
Perte par calcination	11.33
	100.00

La gaize est donc bien une sorte de grès argileux durci par de la silice gélatineuse et mêlé d'un peu de calcaire. Les nuages bleuâtres que nous avons signalés dans la masse jaune proviennent simplement de la concentration de la silice ; quelquefois cette concentration est assez avancée pour qu'il en résulte de vrais rognons de silex, d'un gris bleu, fondus dans la masse encaissante et ne s'en détachant pas par le choc. Il s'en faut de beaucoup, du reste, que les caractères de la gaize soient constants dans tous les points où on l'observe. Depuis la pointe nord-ouest du Bray jusqu'à Sommery, il n'y a presque pas de couches dures dans la gaize et le caractère argileux domine exclusivement. Au contraire, depuis Sommery jusqu'à la pointe de Tillard, partout, à la partie supérieure de l'étage, on observe un système de couches relativement dures, présentant bien tous les caractères de la gaize solide et offrant assez de résistance pour pouvoir être entamé verticalement par les chemins en tranchée. Néanmoins, l'épaisseur de ce système solide est très variable, et, en somme, la gaize dure, si bien réglée qu'elle paraisse, forme moins des couches continues que des lentilles au milieu d'une masse marneuse. Quand elle s'atrophie, on remarque que la marne qui occupe son niveau est d'un gris sale très verdâtre, avec des lits d'argile verte et de glauconie. Dans la partie méridionale du Bray, aux environs de Saint-Sulpice, la gaize solide se charge parfois de grains de glauconie et ressemble alors beaucoup aux couches dures de la craie glauconieuse qui la surmonte.

La gaize solide a des fossiles qui lui sont propres: ce sont les *Ammonites rostratus*, Sow. (*Ammonites inflatus*, Sow. in d'Orb.). *A. auritus*, Sow., *A. fal-*

catus, Mant., *Nautilus elegans*, Sow., *Pecten elongatus*, Sow.; *Epiaster*, sp. nov., *Plicatula*, etc. Tous ces fossiles sont à l'état de moules, très souvent écrasés, surtout les oursins. Les mêmes espèces se retrouvent dans la gaize de Montblainville (Meuse), avec des caractères physiques tout à fait identiques, si bien qu'il est imposible de distinguer les Ammonites de Sommery de celles qui proviennent de l'Argonne.

La gaize solide du Bray n'a encore reçu aucune application ; sa faible épaisseur et son manque absolu de régularité s'opposeraient sans doute à ce qu'elle fût exploitée comme la gaize de l'Argonne, que l'on commence à utiliser pour former la matière inerte de la dynamite ; autrement ses propriétés physiques et chimiques la rendraient très propre à cet usage.

Les couches dures de Sommery reposent sur un système nettement argileux, constitué par une marne bleuâtre, micacée, à cassure largement conchoïdale, mouchetée de pyrites décomposées et se chargeant de plus en plus d'argile à mesure qu'on descend dans la masse. Cette marne micacée, dans le nord du Bray, supporte immédiatement la craie glauconieuse, et c'est elle qui a été rencontrée au-dessus du gault dans le creusement du puits de Meulers. Elle contient toujours assez de calcaire pour être impropre à la fabrication des tuiles et pour se déliter à l'air en menus fragments, au lieu de se crevasser en restant compacte, comme le fait l'argile téguline du gault. Ce caractère, quelque fugitif qu'il paraisse, a son importance quand il s'agit de déterminer, sur un terrain uniformément argileux en apparence, les contours respectifs de ces deux formations superposées. Une analyse de la gaize bleue de Sommery, exécutée à l'École des mines, a donné :

Silice soluble.	2.60
Silice insoluble	55.65
Alumine.	14.73
Peroxyde de fer.	5.80
Chaux.	3.92
Magnésie.	2.30
Perte par calcination.	15.00
	100.00

Ainsi cette formation argileuse contient encore un peu de silice gélatineuse, qui lui donne la propriété de durcir à l'air. Les fossiles y sont rares
et indéterminables.

                Un fait digne de remarque, c'est que la gaize bleue, absolument iden-
tique avec celle de la partie septentrionale du Bray, a été rencontrée sous
Paris dans le sondage artésien de la place Hébert, où ses éboulements ont
occasionné de grandes difficultés. On l'observe d'ailleurs à la base de la
gaize dure de Montblainville, dans les vallées de l'Argonne et des Ardennes.
L'étage de la gaize a été signalé en Suisse par M. Renevier et aussi
en Belgique, où, sous le nom de *meule*, il forme une puissante assise de
silice gélatineuse au-dessous du tourtia des environs de Mons [1]. Enfin nous
avons reconnu [2] des traces du même horizon au cap de la Hève, où le gault
est surmonté par 2 mètres d'un grès dur, bleuâtre, entièrement siliceux,
avec fossiles transformés en calcédoine. Il y a donc lieu de distinguer la
gaize, sur les cartes géologiques, au même titre qu'on distingue les autres
étages de la craie. Quant à savoir s'il convient de la rapprocher du gault
plutôt que de la craie glauconieuse, c'est une question délicate et que
l'étude des fossiles ne tranche pas d'une manière absolue, car elle montre
partout, dans la gaize, une association des formes du gault avec celles de
la craie de Rouen. Toutefois on peut dire que, si la limite exacte de la gaize
et du gault est très difficile à déterminer, la couche de glauconie fossilifère
introduit toujours, entre la gaize et la craie glauconieuse, un horizon d'une
grande netteté.

Les assises supérieures de la gaize, celles qui contiennent le plus de
couches dures, sont quelquefois cultivées comme sols de labour; mais la
nature argileuse étant celle qui domine dans l'étage et la gaize affleurant
plutôt sur des pentes que sur des plateaux, les herbages y sont beaucoup
plus fréquents que tout autre mode de culture.

La gaize argileuse est très coulante : les prairies dont elle constitue le
sous-sol deviennent, sur les pentes des coteaux, comme boursouflées et

1. Briart et Cornet, *Description de la meule de Bracquegnies.*
2. *Bulletin de la Société géologique de France,* 2ᵉ série, t. XX.

tuméfiées ; le moindre poids, même celui d'un arbre, suffit pour mettre le terrain en mouvement. Sous la pression d'un remblai de route ou de chemin de fer, on voit le gazon des prairies se découdre, en quelque sorte, suivant une ligne légèrement ondulée, et l'accumulation de la terre, repoussée par le poids du remblai, produit le long de cette ligne un ressaut plus ou moins régulier, d'une hauteur parfois assez sensible et qui, avec le temps, se recouvre de verdure.

Sur les hauteurs voisines de la Ferté-Saint-Samson, notamment au Mont-aux-Fourches, les marnes de la gaize sont exploitées pour l'amendement des terres siliceuses. On comprend en effet qu'elles soient tout à fait propres à donner de la cohésion aux sols formés de sable quartzeux, tout en y introduisant l'élément calcaire, et il serait à désirer que cet emploi de la gaize marneuse fût général sur toute la surface des terrains sablonneux qui proviennent du défrichement de l'ancienne forêt de Bray.

Usages de la gaize.

§ 20.

ÉTAGE CÉNOMANIEN; CRAIE GLAUCONIEUSE.

La composition des étages sédimentaires dans le pays de Bray subit, à partir de la gaize solide, une transformation des mieux caractérisées. Tandis que, jusqu'alors, les dépôts s'étaient montrés presque uniquement argileux ou sableux, l'élément calcaire va désormais prédominer d'une manière exclusive. Aussi la limite qui sépare la gaize de la craie glauconieuse définit-elle avec la plus grande exactitude la frontière au delà de laquelle le Bray proprement dit, ou la région des herbages, fait place à la falaise ou bordure crayeuse, dont la première terrasse n'est que le gradin inférieur.

La craie glauconieuse se divise en deux assises : une assise inférieure, meuble et glauconieuse, et une supérieure, solide et crayeuse.

La *glauconie crayeuse* proprement dite est très constante dans tout le Glauconie crayeuse.

Bray; son épaisseur varie entre 2 et 3 mètres. La couche de la base, sans cesser d'être calcaire, est meuble et forme un véritable sable vert, assez gras au toucher. Puis vient une assise de rognons calcaires tuberculeux, généralement très durs, mouchetés de glauconie; enfin le tout est couronné par une marne schisteuse, glauconieuse, se débitant en plaquettes dépourvues de consistance. L'assise de la base contient de la pyrite de fer plus ou moins décomposée et des nodules bruns de phosphorite, trop peu abondants pour mériter d'être exploités. Cette couche sableuse, par sa teinte verte caractérisée, jointe à la résistance que la glauconie oppose aux altérations atmosphériques, forme un horizon extrêmement facile à suivre et permettant de tracer partout, même en plein champ, avec une grande précision, la limite inférieure de la craie glauconieuse. On voit, en même temps, combien le faciès de la craie glauconieuse du Bray est différent de celui qui caractérise le même étage à Rouen et au Havre, où la couche fossilifère, qui supporte directement la craie marneuse, repose sur 40 ou 50 mètres de craie plus ou moins dure, à silex spongiaires, avec glauconie en couches ou disséminée dans la masse.

Les fossiles sont relativement nombreux dans cette assise, surtout aux abords de Sommery, où la glauconie renferme les espèces ordinaires de la craie de Rouen. On voit d'abord un lit schisteux avec *Holaster subglobosus*, Ag.; puis viennent les *Ammonites rotomagensis*, Lamk., *A. varians*, Sow. (variété plate et variété renflée), *A. Mantelli*, Sow., *Turrilites costatus*, Lamk., *T. tuberculatus*, Bosc, *Scaphites æqualis*, Sow., *S. obliquus*, Sow., *Nautilus Archiacianus*, d'Orb., *Pleurotomaria perspectiva*, Mant., *Arca rotomagensis*, d'Orb., *Inoceramus latus*, Mant., *Pecten asper*, Lamk., *Terebratula obesa*, Sow., *Rhynchonella lata*, Sow., *Discoidea cylindrica*, Ag., *Cyprina*, etc.

Nappe aquifère.   La glauconie, surmontée par un grand système crayeux et reposant elle-même sur des marnes argileuses, constitue une nappe aquifère précieuse. Cette nappe donne naissance, au pied de la falaise du sud-ouest, à un grand nombre de sources, dont chacune a déterminé l'emplacement d'un des villages de la zone des habitations [1]. Les eaux de ces sources sont

1. Voir plus haut, § 5

remarquablement limpides et très propres aux usages domestiques; il est probable que, filtrant à travers la glauconie, elles se chargent d'une certaine quantité d'alcalis, qui augmente leur vertu fertilisante pour les prairies.

L'assise supérieure de la craie glauconieuse, reconnue pour la première fois par M. N. de Mercey[1], présente une composition variable; assez puissante au nord du Bray, où elle a plus de 40 mètres d'épaisseur, elle s'amincit progressivement vers le sud-est et n'a plus guère qu'une quinzaine de mètres au sud de Beauvais. Depuis Bures jusqu'à Neufchâtel, c'est une craie blanche, un peu cristalline, à cassure largement conchoïdale, se divisant à l'air en petites plaquettes horizontales et sonores. On y trouve des silex en rognons disséminés, qui forment des couches à peu près régulières, mais beaucoup moins nettes et moins continues que les cordons de silex de la craie blanche. Les rognons sont noirs ou gris, recouverts d'une croûte blanche, siliceuse, assez épaisse, qui se fond sur les bords avec la craie encaissante. Leur cassure est nette, presque plane, à contours esquilleux et colorée en jaune vif par l'oxyde de fer. En même temps, leur texture est sensiblement moins compacte que celle des silex de la craie blanche et se rapproche, en beaucoup de points, de la texture spongiaire qui caractérise les silex de la craie glauconieuse dans la vallée de la basse Seine. Quant à la craie qui les contient, elle est peu altérable, devient légèrement verdâtre à l'air, ne se réduit pas en bouillie et fournit un très bon fond pour recevoir l'empierrement dans les chaussées.

Ce système s'observe bien depuis Bures jusqu'à Neufchâtel; il est entamé en tranchée par tous les chemins à la partie inférieure de la falaise du nord-est; on l'exploite pour les routes en divers endroits entre Bures et Bully. Partout ses affleurements se reconnaissent à ce que le sol, rebelle aux prairies, est jonché de silex à patine d'un blanc laiteux nuancé de rouge et de gris. Entre Massy et Sommery, l'épaisseur de l'assise diminue et les silex deviennent de moins en moins abondants. A Sommery, dans la tranchée dite des Monts-Bernier, située à peu de distance de la station du

Craie de Rouen.

---

1. *Bulletin de la Société géologique de France,* 2ᵉ série, XXIII, p. 766.

chemin de fer, on voit encore trois ou quatre lits de silex devenus presque
noirs; mais au delà, cet élément disparaît tout à fait, et la couche se distin-
guerait difficilement, à l'œil, de la craie marneuse qui la recouvre si elle
ne conservait pas la propriété de se diviser en plaquettes sonores de nuance
légèrement verdâtre. Au sud-est d'Auneuil, en approchant de la pointe du
Bray, le système redevient plus net. La craie qui le constitue est grise et
très dure, au moins par places. Quelques morceaux sont assez compacts
pour être translucides sur les bords. A Hodenc-l'Évêque, la craie compacte
est parcourue par des veinules ferrugineuses encore plus dures que le reste
de la masse. Là cesse l'affleurement superficiel de l'assise; mais il est probable qu'elle se poursuit souterrainement vers le sud-est avec les mêmes
caractères, et qu'il y a lieu d'y rapporter une couche de craie très dure
rencontrée dans le forage artésien de la place Hébert, à Paris, où le trépan
s'échauffait d'une manière notable. Dans ses parties inférieures, la craie
dure se charge de points verts et passe peu à peu à la glauconie proprement dite.

Les fossiles de la craie glauconieuse supérieure sont tous à l'état de
moules. Ce sont principalement des inocérames, voisins de l'*Inoceramus
concentricus*, Park., et des céphalopodes, scaphites ou ammonites, indéterminables à cause de leur mauvaise conservation, mais paraissant se rapporter aux types des *Ammonites rotomagensis*, Lamk., et *A. Gentoni*, Defr. On
y a aussi observé le *Pecten asper*, Lamk., et l'*Holaster subglobosus*, Ag. Sur un
seul point, à Neufchâtel, cette craie a fourni, près de sa jonction avec la
craie marneuse, les *Belemnites plenus*, Blainv., et *Janira quinquecostata*, Sow. sp.
La présence de ces fossiles nous porte à identifier l'assise qui les contient
avec les marnes crayeuses à *Belemnites plenus*, *Janira quinquecostata* et *Micra-
bacia coronula* du bord de la Champagne ardennaise, lesquelles paraissent
devoir être considérées comme l'équivalent des sables du Maine et du
Perche.

§ 21.

ÉTAGE TURONIEN; CRAIE MARNEUSE.

La craie marneuse forme une assise très régulière, puissante de 60 à 70 mètres, constituée par une craie blanchâtre, à grain fin, un peu argileuse, généralement dépourvue de silex et se divisant à l'air en fragments que la gelée décompose en éléments de plus en plus petits. On y remarque de petites couches tout à fait argileuses et d'autres à texture conglomérée ; les mouches de pyrite décomposée y sont assez fréquentes.

En général, on peut distinguer dans la craie marneuse du Bray les horizons suivants : au sommet, une craie légèrement sableuse, à cassure un peu conchoïdale, durcissant à l'air, entremêlée de quelques lits minces de marne blanche fissile et renfermant, avec une variété petite et renflée de l'*Inoceramus labiatus*, Brong. sp., les *Spondylus spinosus*, Desh., et *Terebratulina gracilis*, Schl. Au milieu, un système puissant, à stratification très peu distincte, traversé par de nombreuses faces irrégulières de glissement à enduit verdâtre et caractérisé par l'*Inoceramus labiatus*, Brong. sp. typique. A la base, une couche assez compacte, un peu grisâtre, contenant des moules de grandes ammonites (côte de Saint-Martin-le-Nœud).

Quelquefois on observe, entre les deux premiers systèmes, une craie à silex contenant les *Rhynchonella Cuvieri*, d'Orb., et *Echinoconus subrotundus*, Ag. sp. avec de grosses térébratules (four à chaux de Gaillefontaine). Cette assise est puissamment développée dans la côte qui domine Neufchâtel. Les silex y sont petits, souvent en forme de boules et presque toujours recouverts d'une croûte jaunâtre piquetée ; ils se distinguent ainsi très bien des silex noirs ou rosés de la craie noduleuse.

L'ensemble de la craie marneuse, depuis la base jusqu'au sommet, est particulièrement propre à la fabrication de la chaux grasse. Aussi est-elle exploitée pour cet usage en une foule de points, surtout le long de la bordure sud-ouest du Bray, où les carrières à ciel ouvert, assez souvent hautes de 20 ou 25 mètres, forment de loin comme autant de taches blanches au milieu du talus gazonné de la falaise.

La craie marneuse, n'affleurant jamais que sur des pentes d'environ 15°, donne rarement lieu à une culture spéciale ; la forte inclinaison du sol, plus encore que sa nature essentiellement maigre, empêche généralement de songer au labourage. Aussi les pentes de craie marneuses sont-elles toujours couvertes d'un gazon naturel assez pauvre, entremêlé de broussailles et servant de pâture aux moutons. Le profil de ces pentes est d'ailleurs très caractéristique : c'est exactement celui qu'on observe, en Angleterre, dans les ondulations crayeuses du pays wealdien, qu'on a désignées sous le nom de *chalk downs*. La partie supérieure du talus est légèrement bombée, tandis que sa partie moyenne est plutôt droite ou même un peu concave, surtout à sa jonction avec le plateau qui s'étend à ses pieds. La cause de cette disposition réside évidemment dans le mode d'altération à l'air de la craie marneuse, ses couches supérieures étant plus dures et protégées en outre par la craie blanche, tandis que la grande masse se débite uniformément en menus fragments qui tendent à prendre, en s'éboulant, un talus uniforme.

§ 22.

ÉTAGE SÉNONIEN : CRAIE BLANCHE NODULEUSE.

La craie blanche n'apparaît qu'au sommet des falaises qui forment les deux lèvres du Bray. Depuis la pointe nord-ouest de la région jusqu'aux approches de Beauvais, l'épaisseur de l'affleurement de craie blanche se maintient constamment entre 20 et 25 mètres. Au voisinage de la fracture par laquelle passe la vallée de l'Avelon, le plongement des couches vers le sud-est s'accentue, et alors l'épaisseur de la craie blanche visible augmente sensiblement, du moins sur la falaise du nord-est. Ainsi, sur la côte de Saint-Martin-le-Nœud, elle forme une assise de plus de 40 mètres, affectée d'une forte inclinaison vers la vallée du Thérain. Cette inclinaison est telle, qu'en partant de la crête qui domine l'église de Saint-Martin, on rencontre successivement, en allant vers Beauvais, d'abord la craie blanche supérieure à *Micraster coranguinum*, ensuite la craie à bélemnites, au milieu de laquelle coule le Thérain. Mais ces deux dernières assises ne faisant pas partie de la région du Bray, nous ne nous occuperons ici que de l'étage inférieur, celui de la *craie noduleuse*.

La texture noduleuse, qui a mérité de donner son nom à cette partie inférieure du système de la craie blanche, n'est pas développée dans les premières assises de la formation : on ne commence à l'observer, sur la falaise nord-est, qu'au voisinage de Mont-Saint-Adrien, et, sur la falaise sud-ouest, qu'à partir d'Auneuil ; elle est surtout bien caractérisée dans les carrières de Saint-Martin-le-Nœud, qui ont été autrefois l'objet d'une extraction très active de pierres de taille. Une seule de ces carrières continue à être exploitée, mais seulement pour pierre à chaux. On y voit, à la partie inférieure, 5 ou 6 mètres de craie dure, séparés en plusieurs bancs par des cordons de silex noirs. La craie est piquetée de petits points noirs et, de plus, parsemée de taches grises et dures qui rappellent absolument la craie à *œil de perdrix* des carrières de Vernon, dans le département de l'Eure, carrières ouvertes exactement au même niveau géologique. Du reste, on ne doit pas s'attendre à trouver la texture noduleuse uniformément développée suivant l'affleurement de la même couche, et on la chercherait vainement au delà de Frocourt, à Saint-Sulpice, par exemple, où elle est à peine indiquée par une compacité plus grande des bancs de craie. En général, le système au milieu duquel les bancs noduleux sont intercalés, est formé par une craie très blanche, tendre, très fissurée, avec silex noirs à enduit plus ou moins rosé, formant soit des cordons, soit des lits tabulaires et tapissant parfois des fentes obliques dans la roche. C'est ce système qu'on exploite pour la fabrication de la chaux auprès d'Abbecourt ; on le retrouve aussi au pied du bois de Crêne, près de Glatigny, et sur le flanc gauche de la

Craie noduleuse.

vallée du Thérain, à Héricourt-Saint-Samson. A partir de ce point, l'assise remonte assez rapidement vers le nord-ouest et disparaît sous l'argile à silex bien avant Gaillefontaine.

Les principaux fossiles de la craie blanche noduleuse sont : le *Micraster cortestudinarium*, Goldf., abondant à Saint-Martin-le-Nœud, et l'*Ananchytes gibba*, Lamk. On observe aussi de grosses térébratules (*Terebratula semi-globosa*, Sow.) et des inocérames appartenant au type de l'*Inoceramus* (*Catillus*) *Cuvieri*, Sow.

Craie à Micraster breviporus.

L'assise inférieure de la craie noduleuse, la seule qu'on observe dans la plus grande partie du Bray, est constituée par une craie tendre, à grain légèrement sableux, avec silex noirs assez souvent recouverts d'un enduit rosé. Sa texture la rend particulièrement propre au marnage des terres. On l'exploite pour cet usage en divers endroits et notamment sur le plateau de Buchy. Le fossile principal de cette assise est le *Micraster breviporus*. On y observe aussi les *Holaster planus*, Mant. et *Terebratula semi-globosa*, Sow. Au-dessus de Neufchâtel, la couche à *Micraster breviporus* se présente entre 200 et 220 mètres d'altitude. On la retrouve 100 mètres plus bas à la bifurcation de la route de Beauvais à Gournay et du chemin de Goincourt. Sa dernière apparition a lieu juste à la pointe sud-est du Bray, au hameau de Tillard, près de Noailles, où on la voit reposer directement sur la craie marneuse supérieure, avec spondyles, par l'intermédiaire d'une petite couche de marne argileuse blanche.

La craie noduleuse éprouve, à l'air libre, un mode d'altération particulier qui permet de la distinguer à première vue de la craie marneuse, même en l'absence des fossiles. Les fragments restent assez gros et se recouvrent à l'air d'une teinte grise très prononcée, en même temps que leur surface devient particulièrement rugueuse. Dans cet état, les fossiles, lorsqu'il s'en trouve, ne participent pas à la coloration grise de la masse, sur laquelle le test des oursins, des térébratules et des inocérames se détache en clair. Au contraire, la craie marneuse se débite en menus fragments de plus en plus petits, et la surface indéfiniment renouvelée des morceaux reste toujours blanche.

TERRAIN TERTIAIRE

§ 23.

ÉTAGE ÉOCÈNE : SABLES ET GRÈS DE L'ARGILE PLASTIQUE.

Les terrains tertiaires ne sont pas représentés dans le Bray proprement dit. Cependant la formation éocène a été très directement affectée par le soulèvement de cette région, et son terme inférieur, l'étage de l'argile plastique, a laissé sur les deux lèvres du Bray des témoins qui attestent son extension primitive sur le territoire aujourd'hui soulevé. Nous considérons donc cet étage comme appartenant à la géologie de la contrée. Il est d'ailleurs d'autant plus opportun de le comprendre dans cette description que ses vrais caractères ont été jusqu'ici assez mal connus.

Laissant de côté l'assise inférieure de l'étage, c'est-à-dire la glauconie de Bracheux, Abbecourt et Noailles, pour laquelle nous n'aurions, du reste, rien à ajouter des descriptions de M. Graves, nous nous occuperons seulement du système des sables et grès avec argiles, correspondant à la partie supérieure de l'argile plastique de Paris et des lignites du Soissonnais. L'étendue superficielle de cet étage est beaucoup plus grande que celle de la glauconie de Bracheux, qui, au voisinage du Bray, n'apparaît guère que dans le Beauvaisis et dépasse rarement une altitude d'environ 100 mètres. Les sables et grès, avec ou sans argiles, se retrouvent, au contraire, à peu près partout sur les plateaux qui entourent le Bray. Ils occupent la surface du pays de Thelle et s'avancent jusque sur le bord de la falaise aux

environs du Coudray-Saint-Germer. De même, au-dessus du village d'Allonne, on les voit couronner la côte qui sépare le Bray de la vallée du
Thérain. Plus au nord, on en retrouve des lambeaux, soit sur le plateau
de Buchy, soit sur la crête qui court entre la vallée de l'Eaulne et celle
de la Béthune au-dessus de Neufchâtel.

Sables. Le terme le plus constant de cette assise est un sable fin, généralement
jaunâtre, parfois très blanc et avec des veines diversement colorées, dont
quelques-unes sont charbonneuses. Les argiles, noires, ligniteuses et coquillières dans le voisinage du bassin tertiaire parisien, sont bariolées et
dépourvues de fossiles dès qu'on s'élève sur les plateaux. Elles sont généralement au-dessus des sables, et souvent, au contact des deux systèmes,
Conglomérats. on observe des conglomérats formés de gros galets de silex entièrement
roulés. Tantôt ces galets sont libres dans la masse du sable, comme au-
dessus d'Allonne, où ils atteignent une dimension considérable et sont l'objet
d'une exploitation très active; tantôt ils sont agglutinés par un ciment
quartzeux cristallin et forment alors des poudingues, très développés dans
la forêt de Thelle, par exemple. Les silex sont parfois si bien incorporés au
poudingue que le marteau ne les en sépare pas. Le grès à noyaux siliceux
qui en résulte est lustré et entièrement identique avec les grès *ladères* de
l'argile plastique d'Eure-et-Loir, comme aussi avec le poudingue de Nemours et celui de Coye près de Chantilly. Il n'est pas non plus possible de
le distinguer du poudingue de Versigny et de Montceau-les-Loups, qui, dans
la plaine de Laon, recouvre immédiatement la glauconie inférieure. Souvent, dans l'intérieur du Bray, sur la terrasse située au pied de la falaise du
sud-ouest, on voit des blocs isolés de grès ou de poudingue lustré, qui, à
l'origine, devaient couronner les portions avancées du plateau crayeux
que la dénudation a fait ensuite disparaître.

Un des gisements les plus intéressants de cet étage est celui qu'on observe à la sablonnière des Routis, auprès du Coudray-Saint-Germer. En ce
point, l'altitude de la formation atteint 227 mètres, celle de la crête de la
falaise voisine étant 231 mètres. Le sable est blanc et rouge, sans stratification, mélangé d'argiles grises et rouges en amas irréguliers. Les silex,

complètement arrondis, sont distribués par masses avec la même irrégularité, ne formant nulle part des assises horizontales. Ce qu'il y a de plus singulier, c'est que souvent ces silex sont creux à l'intérieur et se réduisent à une mince carapace de silice blanchâtre et friable.

Il est de toute évidence que cette allure particulière de l'argile et du conglomérat aux Routis est due à l'intervention de phénomènes chimiques d'une nature spéciale. Ces phénomènes ont dû agir postérieurement à la formation du dépôt et probablement lors de la production des argiles à silex sur les plateaux. Alors, sous l'influence des actions chimiques si puissantes qui dominaient à cette époque, se serait opérée la transformation des sables et des poudingues. Quant à ces derniers, ils avaient été originairement formés, sans doute, au pied d'une falaise de craie blanche aujourd'hui détruite, pendant que le reste du bassin voyait se déposer, dans des eaux plus calmes, les argiles stratifiées et les lignites pyriteux.

FORMATIONS D'ORIGINE CHIMIQUE

§ 24.

ARGILES A SILEX

La craie des falaises du Bray et les diverses formations géologiques qui se trouvent dans le voisinage immédiat du pied de ces falaises, sont généralement recouvertes par un ensemble de dépôts argileux de composition assez variable, qu'on peut grouper sous la dénomination d'*argiles à silex*.

Sur la craie blanche, l'argile à silex est limoneuse, le plus souvent brune, mais fréquemment aussi colorée en rouge vif. Elle contient une masse de silex, entiers ou fragmentaires, mais nullement roulés, et pénètre dans la craie sous-jacente en poches irrégulières, dont quelques-unes sont extrêmement profondes et constituent des *puits naturels*. Un puits de ce genre, aujourd'hui vide et parcouru par de l'eau d'infiltration, a été rencontré dans le creusement du souterrain de Sommery; sa profondeur dépassait 60 mètres et ses parois étaient comme corrodées. Mais, la plupart du temps, les poches n'ont que quelques mètres de profondeur, et on remarque assez généralement que, parmi les silex qu'elles renferment, ceux qui sont voisins des parois sont recouverts d'un enduit noir d'oxyde de manganèse.

Les matériaux de cette argile à silex sont, pour la plus grande part, empruntés à la craie blanche. Mais on y observe aussi des galets qui, certainement, proviennent des sables et poudingues de l'argile plastique, ainsi que des blocs de grès lustré ou de poudingue qui ont la même origine.

En somme, les caractères de l'argile à silex des falaises du Bray sont exactement ceux de l'argile à silex du pays de Caux, avec cette différence, que les nuances rouges y sont moins prononcées et qu'elle se rapproche un peu du type du *bief à silex* de Picardie, où l'argile est brune et limoneuse, sans mélange de teintes vives. Le Bray et ses abords immédiats forment donc, à ce point de vue, une région de transition entre la Picardie, d'une part, le pays de Caux et les plateaux de l'Eure, d'autre part.

Origine chimique de l'argile à silex. Or, plus on étudie cette immense nappe d'argile à silex qui s'étend comme un manteau sur toute la surface du nord de la France, et plus il devient évident qu'elle ne saurait, à aucun titre, trouver sa place dans la série des dépôts sédimentaires. C'est une formation chimique, qui ne peut devoir son origine qu'à la dissolution de la craie. Cette dissolution a fait naître à la surface de cette dernière formation des cavités irrégulières, où sont demeurés, avec les silex, les résidus argileux laissés par le calcaire et les formations superficielles qui le recouvraient. Quand les terrains tertiaires manquent au-dessus de la craie, l'argile à silex est brune, limoneuse et peu épaisse. Quand il a existé, sur cette formation, un manteau de sables et d'argiles éocènes, des débris de ces sables et de ces argiles, plus ou moins disloqués, se retrouvent dans les poches, où ils se sont lentement effondrés au fur et à mesure de la dissolution de la craie. L'auteur du présent mémoire en a signalé de nombreux exemples, tant dans le Vermandois et le Cambrésis[1] que dans le pays de Caux[2]. C'est donc surtout dans la nature des anciens dépôts superficiels qu'il faut chercher le secret des différences de composition que peut présenter l'argile à silex. A ce point de vue, la teinte d'un rouge vif qu'elle offre si souvent s'explique sans difficulté. On sait que, dans le pays de Caux et notamment aux environs de Mélamare, l'argile plastique a laissé d'importants lambeaux en place, sous la forme d'argiles bariolées de blanc, de jaune et de rouge vif, entièrement dépourvues de restes organiques et associées à des sables grossiers, également nuancés de couleurs vives. Ce faciès s'étendait originairement sur tout le pays de Caux et même au delà, comme le prouve l'étude des poches à silex de la contrée. Mais il cessait à peu de distance de la limite nord du Bray, ce qui explique pourquoi l'argile à silex des falaises de cette région offre des teintes beaucoup moins vives que celle des environs de Bolbec ou d'Yvetot. Néanmoins, près de la ligne de partage des eaux du Bray, aux environs de Gaillefontaine, par exemple, la couleur rouge est encore très accentuée en certains points. Il y avait là, sans doute, quelques écarts de la formation des argiles éocènes bariolées; mais ils faisaient déjà l'exception.

Coloration rouge
de l'argile.

Ce qui donne du poids à cette hypothèse, c'est le fait que ces colorations rouges ne s'observent jamais quand l'argile à silex, au lieu de couronner la craie blanche, s'étend sur la craie marneuse des talus de la falaise, ce qui arrive toutes les fois que la pente de ces talus s'adoucit assez pour offrir des surfaces de quelque étendue, ou encore mieux quand elle recouvre la surface de la craie de Rouen sur la première terrasse. Dans ces conditions, elle est uniformément brune et limoneuse. C'est qu'en effet sa formation a eu lieu postérieurement à l'érosion générale qui a façonné la vallée de Bray et la dissolution s'étant effectuée sur une surface de craie non recouverte de dépôts tertiaires, n'a pu garder en aucune façon l'empreinte de ces derniers.

L'argile à silex est peu abondante sur les terrasses formées par la craie de Rouen, comme si cette dernière avait été plus rebelle à la dissolution.

Argile verte
sur la glauconie.

1. *Bulletin de la Société géologique de France,* 2ᵉ série, II, 434.
2.   *id.*   *id.*   3ᵉ série, IV, 348.

Sur la glauconie meuble, elle affecte une forme remarquable et qui pourrait donner lieu à des méprises, en faisant croire à l'existence d'argiles vertes à ce niveau. En effet, l'action dissolvante a fait naître une argile d'un vert foncé très franc, dépourvue de silex puisque la glauconie n'en contient pas, et recouvrant directement la gaize solide. Ainsi, à quelques pas de distance, on peut voir la craie blanche ou marneuse ravinée par une argile brune, tandis que c'est une argile verte qui s'étend sur la gaize ; tant il est vrai que l'argile à silex ne résulte en rien d'un phénomène de transport et qu'elle s'est produite sur place aux dépens des formations sous-jacentes.

On retrouve encore l'argile à silex sur le gault, les sables verts et même les argiles panachées, notamment sur les points suivants : le bois des Tuileries de Quiévrecourt, près de Neufchâtel, le bois des Trois-Oreilles, entre Neufchâtel et Sommery, la route de Sommery à La Rosière, les environs d'Ons-en-Bray et d'Auneuil, le bois de Pecquemont et la plaine de Troussencourt. L'argile est grise et empâte des silex aux angles légèrement émoussés, dont la patine blanche semble témoigner d'un séjour prolongé dans une eau chimiquement active. Les silex sont blonds ou gris à l'intérieur. On les exploite pour l'empierrement à Tiersfontaine et à Troussencourt. Leur forme généralement plate et leurs faibles dimensions conduisent à les considérer comme des fragments de silex originaires de la craie blanche, de la craie glauconieuse et de la gaize solide.

Or ces diverses formations, gault, sables verts, argiles panachées, ne forment en général qu'un ruban assez mince au pied de la première terrasse. Il est donc naturel de penser que l'argile à silex y a pris naissance, un peu plus tard sans doute que celle des plateaux, aux dépens des couches crayeuses qui les recouvraient originairement, et qu'elle y a revêtu des caractères différents à cause du substratum argileux sur lequel elle a dû se former.

Dépôt manganésifère.   En face de La Chapelle-aux-Pots, sur les pâtures provenant du défrichement du bois du Pont-qui-Penche, l'argile à silex qui recouvre les argiles panachées est elle-même surmontée par une argile grise avec mouches dures d'oxyde de fer et de manganèse, servant de gangue à de petits fragments de silex tout à fait anguleux. Ce dépôt est absolument identique avec le conglomérat manganésé qu'on observe, au-dessus de l'argile à meulières, en différents points des plateaux de la région parisienne, notamment à Meudon et aux bruyères de Sèvres.

L'argile à silex est évidemment postérieure à l'époque de l'éocène inférieur, puisqu'elle a affecté les sables et les argiles de cet étage. De plus, elle est postérieure, sinon à la formation définitive du relief actuel du Bray, du moins à un premier modelé général qui n'a dû laisser aux dernières érosions que peu de travail à accomplir. Ces considérations nous conduisent à penser qu'il convient de reporter le principal développement de cette formation à la fin de la période tertiaire. C'est précisément la date qui a été attribuée par MM. Potier et Douvillé [1] à l'argile à silex des plateaux de l'Eure, si curieuse par son intime liaison avec les phénomènes éruptifs ou thermaux. Cette argile, accompagnée de sables bariolés, traverse en véritables filons toutes les assises du terrain tertiaire éocène et miocène et n'est recouverte que par le limon des plateaux, probablement contemporain du pliocène supérieur. Il résulterait de là que la fin de la période tertiaire a été marquée, dans le bassin de Paris, par une activité chimique d'une nature toute spéciale, ayant son principal foyer sous les plateaux de l'Eure, coupés, comme on sait, par une infinité de failles qui devaient offrir une issue facile aux émanations de l'intérieur. Cette action se faisait encore sentir d'une façon sensible sur le pays de Bray, où elle avait déjà, néanmoins, perdu une grande partie de son énergie et venait, en quelque sorte, mourir sur les plaines de la Picardie, où les dépôts analogues ont assez peu d'importance pour que plusieurs géologues n'y veuillent voir que l'action normale des eaux superficielles chargées d'acide carbonique.

Les silex de l'argile à silex des falaises du Bray sont utilisés pour l'empierrement. Quelquefois on trouve dans cette formation une argile particulière, dite *terre à pannes*, utilisée au-dessus d'Auneuil pour la fabrication des tuiles.

Age de l'argile à silex.

Usages et cultures.

1. *Comptes rendus de l'Académie des sciences*, 6 mai 1872.

L'argile à silex constitue, à la surface de la craie, une nappe imperméable sur laquelle un très grand nombre de mares sont établies. Les parties supérieures de l'argile sont toujours assez mélangées de limon, et, le
marnage aidant, il en résulte un sol végétal très fertile, où les céréales et
même les betteraves peuvent être cultivées avec succès. Quelquefois cependant la proportion de cailloux de silex est trop considérable ; alors le sol
est occupé par des bois où la végétation est d'autant plus maigre que les
silex sont plus nombreux. Ainsi, dans les bois qui dominent la vallée de la
Béthune entre Bures et Saint-Vaast, sur la crête de la rive gauche, le sol est
absolument jonché de gros silex devenus, à l'air, gris ou blanchâtres, et les
arbres n'y dépassent guère la dimension ordinaire des taillis.

FORMATIONS DILUVIENNES ET ALLUVIENNES.

§ 25.

LIMON DES PLATEAUX ET DES TERRASSES.

Limon
des hauts plateaux.
Sa rareté.

Le limon des plateaux n'intervient pas dans la constitution géologique
du Bray proprement dit. Il s'avance parfois jusqu'au bord des falaises, mais
sans former sur leur lisière de dépôts étendus. Cette circonstance doit sans
doute être attribuée à l'inclinaison sensible de la surface des plateaux près
du bord des falaises, inclinaison qui n'a pas permis au limon de se déposer,
ou qui, tout au moins, a favorisé son entraînement ultérieur par les
pluies.

L'arête culminante du haut Bray se montre aussi dépourvue de limon.
Quand par hasard on croit en apercevoir une certaine épaisseur, on reconnaît bientôt qu'il s'agit d'un produit d'altération fait sur place et résultant
de la désagrégation des lumachelles arénacées du kimméridien. Quelques

rares dépôts de vrai limon à briques s'observent à l'abri de petits rideaux de terrain, par exemple au sommet de la montée de la route de Gournay à Songeons.

En revanche, la terrasse formée par la craie de Rouen, au pied de la Limon des terrasses. falaise du sud-ouest, est fréquemment recouverte par une nappe de limon offrant une grande analogie de constitution avec celui des plateaux. Il ne semble pas que ce dépôt puisse être attribué à l'action de courants. De grandes pluies faisant descendre, à l'époque quaternaire, les détritus de l'argile à silex et donnant naissance, au pied de la falaise, à des inondations boueuses, ont dû suffire pour produire ces nappes de limon.

Ces nappes, dont l'altitude varie de 130 à 150 mètres, sont surtout développées dans la partie méridionale du Bray. A Espaubourg, Saint-Aubin, Auteuil, etc., on les exploite pour la fabrication des briques.

§ 26.

ALLUVIONS ANCIENNES.

Les alluvions anciennes dans le Bray forment moins des dépôts continus que des lambeaux épars çà et là sur les terrasses qui marquent les étapes successives du creusement des vallées. Nous rapporterons à cette formation les nappes de cailloux roulés, à coloration rougeâtre, qu'on exploite pour l'empierrement aux environs de Neufchâtel, entre 130 et 140 mètres d'altitude, sur les hauteurs de Bois-Hatrel et de la Ceriseraie. Ces nappes, directement superposées aux sables néocomiens qu'elles ravinent, sont formées de silex aux angles arrondis, mélangés d'argile et de sable grenu et qui, bien qu'un peu différents des graviers roulés proprement dits, ont cependant subi très manifestement un transport dans des eaux courantes, à une époque où le lit de la Béthune était à 50 mètres au-dessus de son niveau actuel. Les silex ont une teinte rousse très marquée, non

seulement à la surface, mais dans l'intérieur, comme s'ils avaient été longtemps en suspension dans des eaux ferrugineuses. Des morceaux roulés de
grès ferrugineux s'y trouvent en assez grand nombre.

Des nappes du même genre s'observent en quelques points de la vallée
du Thérain, ainsi que dans celle de l'Avelon, où les silex forment, aux environs de Saint-Paul, un dépôt assez étendu, quoique peu puissant, à la
surface des sables crétacés.

§ 27.

ALLUVIONS MODERNES ET TOURBES.

Alluvions
des cours d'eau.

    Les alluvions modernes ne jouent qu'un rôle insignifiant dans le pays
de Bray. Cela s'explique aisément; car cette région n'est traversée par aucune rivière importante; les cours d'eau qui l'arrosent sont ceux mêmes
qui y ont pris naissance, et ce n'est qu'après leur sortie du Bray qu'ils ont
acquis assez de volume pour transporter des matériaux de quelque dimension. De plus, les terrains traversés par ces cours d'eau ne contiennent
presque pas de roches dures. Par suite, on ne rencontre guère de cailloux
roulés dans le lit actuel des rivières du Bray que lorsqu'elles coulent au
pied d'une falaise de craie blanche ou lorsqu'elles entament un massif couronné par l'argile à silex. Dans ce cas, il est facile de constater que les cailloux, descendus le long des pentes par l'action de leur poids et entraînés
dans le thalweg par de fortes pluies, n'ont subi qu'un transport insignifiant
dans le lit de la rivière, où leurs angles ont été simplement émoussés par le
frottement continu dans l'eau courante. C'est ce qu'on observe, par exemple,
dans le lit du cours d'eau, relativement assez rapide, qui débouche du vallon
de Beaussault pour se joindre à la Béthune.

    La plupart du temps, la faible couche d'alluvions qui occupe la partie
horizontale du fond des vallées est limoneuse ou argileuse. Cela se présente

surtout dans la vallée de la Béthune, qui, depuis sa source jusqu'au delà de Neufchâtel, traverse une région formée en majeure partie de terrains imperméables, en sorte que la rivière, dans la saison des pluies, se montre fortement chargée de limon.

Les alluvions sont tourbeuses entre la Ferté-Saint-Samson et Argueil,   Tourbes. dans cette vallée à fond très plat qui longe au sud-ouest la forêt de Bray et qu'arrose le ruisseau de Mézangueville. La pente de cette vallée étant très faible et son fond étant surtout constitué par des couches argileuses, la production de la tourbe n'a rien qui puisse surprendre. Il n'en est pas tout à fait de même des tourbes pyriteuses de Beaubec et de Forges-les-Eaux, qui sont exploitées pour la fabrication de la couperose. D'abord, ces tourbes se rencontrent dans des vallons où la pente est assez prononcée et où il n'y a pas, à proprement parler, de fond plat. Ensuite, les exploitations montrent que la tourbe repose sur une couche de sables. On a de plus trouvé, à sa partie supérieure, des troncs d'arbres encore munis de leur écorce et couchés en travers du thalweg. Comme, d'ailleurs, les sables dominent d'une manière très nette aux alentours, nous pensons qu'il y a lieu d'appliquer à la formation de ces tourbes la théorie de M. Belgrand[1]; c'est-à-dire qu'elles devraient leur origine à des eaux très pures, non limoneuses, filtrant à travers des formations perméables et circulant avec lenteur sur un fond faiblement incliné, circonstances propres au développement des espèces végétales qui produisent la tourbe des vallées. Quant à la pyrite, elle pourrait provenir du lavage des argiles de la gaize et du gault ou de celles du terrain néocomien; mais, à Forges et à Beaubec, cette dernière source est la seule dont les circonstances locales permettent de supposer l'intervention.

1. Belgrand, *l'Age des tourbes* (*Bulletin de la Société géologique de France*, 2ᵉ série, XXVI, 879).

§ 28.

DÉPOTS MEUBLES SUR LES PENTES.

Dans un pays aussi accidenté que le Bray, il n'est pas étonnant qu'on rencontre en abondance les dépôts meubles sur les pentes; mais, en général, chacun de ces dépôts n'occupe qu'une étendue très restreinte, et il est rare qu'on puisse les figurer sur une carte au 80000e. Ce sont, tantôt des amas de silex dans une argile limoneuse, tantôt des morceaux de grès ferrugineux avec sable argileux, tantôt de vrais limons, propres à la fabrication des briques et garnissant le flanc des coteaux de sables ferrugineux ou le fond des vallons crayeux qui entament les falaises. Ces dépôts s'étant effectués sous l'influence combinée de la pesanteur et des agents atmosphériques, on comprend aisément que, suivant la position qu'ils occupent, il puisse devenir très difficile de les distinguer des alluvions, soit anciennes, soit modernes. Aussi leur délimitation, même sur une carte à grande échelle, serait-elle toujours très arbitraire, excepté dans le cas où on y pourrait distinguer des successions de matériaux meubles reposant les uns sur les autres en couches inclinées suivant des talus d'éboulement.

§ 29.

VARIATIONS DES TYPES JURASSIQUES ET CRÉTACÉS DU BRAY; LEURS RAPPORTS AVEC CEUX DES RÉGIONS VOISINES.

La grande longueur du pays de Bray, où les formations jurassiques sont à découvert sur 50 kilomètres, et les assises crétacées inférieures sur 70, jointe à la position géographique de ce pays, intermédiaire entre les affleurements du Calvados et du Bas-Boulonnais, d'une part, et ceux de la ceinture orientale du bassin parisien, d'autre part, prête un intérêt particulier à l'étude des variations que présentent les divers étages d'un bout à l'autre de la contrée. Cette étude, en effet, est de nature à fournir de précieuses inductions sur la composition du substratum profond, jusqu'ici inconnu, qui supporte les couches tertiaires et crétacées dans la partie centrale du bassin de Paris. Elle est d'ailleurs d'autant plus opportune qu'on a déjà songé à atteindre ce substratum, au-dessous de la capitale, par des sondages artésiens, la nappe des sables verts trouvant, dans les puits déjà exécutés, assez d'orifices d'écoulement pour qu'il semble imprudent de venir lui demander un nouvel effort.

L'étage kimméridien se fait remarquer, à mesure qu'on s'avance de Neufchâtel vers le sud-est, par une augmentation sensible dans l'épaisseur des couches. Ainsi le système d'argiles et de lumachelles situé au-dessus des calcaires compacts lithographiques a 35 mètres d'épaisseur à Compainville, 40 mètres entre Forges-les-Eaux et Pommereux, enfin 60 mètres entre Gournay et Villembray. De plus, dans ce système argileux supérieur, le nombre des couches calcaires intercalées augmente quand on se rapproche de la pointe méridionale de l'affleurement; ces couches calcaires prennent facilement le caractère lithographique, et, sans leur faible épaisseur, on serait exposé à les confondre avec le véritable calcaire compact. Ainsi, comme il était naturel de s'y attendre, le kimméridien du Bray nous fait assister au passage graduel du type exclusivement argileux de l'embouchure de la Seine au type principalement calcaire du Barrois. Comme, d'ailleurs, on sait que le kimméridien du Berri contient de nombreuses couches de calcaire lithographique, il est légitime d'en conclure que ce faciès calcaire se retrouverait sous Paris, en plus forte proportion encore qu'à Villembray.

En tout cas, dans toute la longueur du Bray, les assises kimméridiennes offrent le caractère de dépôts effectués dans un golfe tranquille et de profondeur très modérée.

Étage kimméridien

Augmentation progressive de l'élément calcaire

Les dépôts de l'étage portlandien témoignent de conditions plus variables. Les grès calcaires et les poudingues du portlandien inférieur, avec galets roulés de roches anciennes, attestent une plus grande puissance de la mer et des courants, avec périodes de calme momentané correspondant au dépôt des calcaires marneux et des argiles. Par ce caractère, le portlandien du Bray se rapproche beaucoup plus de celui du Boulonnais que de tout autre type. Si l'on cherche la source d'où proviennent les galets du grès calcaire, il est impossible de songer aux massifs anciens du Calvados, dont les rivages portlandiens étaient séparés par une large bande de dépôts oolithiques. Au contraire, si l'on se rappelle que, dans l'Artois, la glauconie crayeuse recouvre directement les roches dévoniennes, il paraîtra naturel d'attribuer les galets du Bray, comme ceux du Boulonnais, à la destruction des rivages d'un continent qui s'étendait sous l'Artois méridional et la Picardie et qu'un changement de niveau, survenu à l'époque portlandienne, aura rendu plus accessible à l'action des vagues. Ce continent, selon toute vraisemblance, devait être formé de roches dévoniennes. Il se pourrait, cependant, que certains poudingues permiens ou triasiques se fussent étendus jusque-là. Dans ce dernier cas, la présence du terrain houiller sous la craie de Picardie ne serait pas chose impossible. Il semble néanmoins que ce soit dans la région comprise entre le Bray septentrional et l'Artois que des recherches de houille aient le moins de chances d'aboutir à un heureux résultat.

C'est dans le nord du Bray que les grès calcaires et les sables sont le plus abondants au milieu du portlandien inférieur. Nous avons déjà fait remarquer que la lumachelle à anomies, supérieure aux couches à Ostrea catalaunica, est devenue, à Neufchâtel, un grès calcaire et sableux à galets, d'épaisseur assez notable, et que les sables avec grès en plaquettes, réduits à une faible puissance près d'Hodenc-en-Bray, sont très épais entre Forges et Mesnil-Mauger. Ainsi cette partie du Bray devait être plus voisine que l'autre du continent alors émergé. La prédominance du faciès calcaire dans le sud prépare évidemment le passage au portlandien inférieur, exclusivement calcaire, du Barrois, et autorise à penser qu'un puits creusé à Paris rencontrerait un portlandien encore plus calcaire que celui du Bray.

Les argiles bleues du portlandien moyen offrent, d'un bout à l'autre de Portlandien moyen.
la contrée, une remarquable constance dans leurs caractères. On sait que
cet étage, bien développé dans le Boulonnais, fait défaut dans le Barrois. Il
est impossible de dire où l'on cesserait de le rencontrer en profondeur, son
allure au sud de Gournay n'autorisant nullement à prévoir sa prochaine
disparition.

Nous avons déjà fait ressortir les différences tranchées que présente le Portlandien supérieur.
portlandien supérieur suivant qu'on l'observe à Neufchâtel ou à Gournay.
Tandis que, près de la première de ces deux villes, cet étage se sépare nettement du néocomien et prend un aspect identique avec le portlandien
supérieur du Boulonnais, le faciès marin tend de plus en plus à s'atrophier
vers le sud; les sables, si fins près de Neufchâtel qu'ils donnent naissance
à un grès biscuit, deviennent grossiers au sud et se chargent de galets qui
prennent, aux environs de Villembray, un développement considérable. Un
fait curieux, c'est l'intercalation, dans cet étage, à Glatigny, de petites
couches contenant des coquilles jurassiques roulées, comme si une partie
du portlandien inférieur avait déjà été émergée dans le voisinage. Il semble
donc évident que le dépôt du portlandien supérieur correspond à une
période d'émersion, beaucoup plus tranchée au sud du Bray qu'au nord, et
qui préparait le passage des sédiments exclusivement marins de la période
jurassique à ceux du néocomien, où les couches marines ne forment plus
que de rares intercalations dans un grand système d'eau douce. A en juger
par ces apparences, il est bien probable qu'un sondage exécuté à Paris ne
rencontrerait pas le portlandien supérieur. On sait d'ailleurs que, dans la
vallée de la Seine, cet étage fait défaut, aussi bien à Villequier qu'à
Rouen.

Nous n'insisterons pas sur les caractères de l'étage néocomien dans le Néocomien.
Bray, M. Cornuel ayant depuis longtemps établi, entre ce type et celui de
la Haute-Marne, un parallèle auquel il n'y a rien à ajouter. La composition
de l'étage est remarquablement constante, à l'exception, toutefois, du fait
relatif aux argiles panachées, qui disparaissent sur les deux lèvres du Bray,

d'un côté près de Sommery, de l'autre près de Gaillefontaine, c'est-à-dire à très peu de distance de la ligne de partage des eaux.

Le néocomien n'arrivait pas à la vallée de la Seine. Il n'y a pas lieu de penser que le néocomien du Bray se prolonge beaucoup au delà de la falaise du sud-ouest. C'est à tort, suivant nous, qu'on y voudrait rapporter les sables jaunes et ferrugineux qui couronnent le jurassique au cap de la Hève; ces sables, intimement liés au gault, auquel ils passent insensiblement, contiennent jusqu'à leur base, avec des fossiles du gault, une grande huître voisine de l'*Ostrea aquila*. Ils représentent donc, soit un type marin fossilifère des sables verts, soit un horizon intermédiaire entre l'albien inférieur et l'aptien. Quoi qu'il en soit, il devait exister, à l'époque néocomienne, une barrière entre le Bray et ce qui est aujourd'hui la vallée de la Seine. Il est probable même que cette dernière zone était émergée depuis le dépôt du kimméridien et que les eaux ne l'ont envahie de nouveau que vers la fin de l'époque des argiles à plicatules.

Du reste, même après cette invasion, la région qui s'étend de Paris à Rouen est demeurée sous l'empire de conditions physiques très différentes de celles qui prédominaient entre Neufchâtel et Beauvais. Les sables ferrugineux de la Hève ressemblent peu aux sables verts et le gault des falaises normandes, si réduit en épaisseur et si peu riche en fossiles, ne rappelle guère la puissante assise argileuse développée aux environs de Neufchâtel. Cette dernière se rapproche évidemment beaucoup plus du type albien du Boulonnais et de Folkestone.

Gaize. La gaize solide siliceuse est aussi très spéciale à la région du Bray. On sait qu'elle manque aux environs de Neufchâtel, où l'horizon correspondant est occupé par une marne bleue micacée. Cette dernière offre une grande analogie avec les marnes bleues, à séparations sphéroïdales, qui recouvrent le gault à Saint-Jouin, près du Havre. Ces mêmes marnes, caractérisées par la même texture et le même mode de division, ont été retrouvées sous Paris, dans le sondage artésien de la place Hébert. Il est évident qu'elles doivent se relier aux argiles bleues qui, en Champagne, occupent la place de la gaize et que le sondage de Courdemanche, près Vitry-le-François, a traversées sur une grande épaisseur. D'autre part, la gaize à silice gélatineuse n'existe pas dans le Boulonnais. La gaize du Bray forme donc, selon toute apparence, une sorte de coin venant se terminer en pointe un peu à l'ouest de la lisière du Bray sous le pays de Caux, tandis qu'il se relie à l'est, en augmentant toujours d'épaisseur et d'étendue, avec la gaize de l'Argonne. Cette dernière existe, comme on sait, depuis Bar-le-Duc jusqu'au nord des Ardennes avec une épaisseur qui dépasse 100 mètres.

La craie de Rouen subit, d'un bout à l'autre du Bray, une transfor- *Craie de Rouen.* mation caractérisée. Au sud de la ligne de partage des eaux, les couches immédiatement supérieures à la glauconie sont dépourvues de silex et ne se distinguent de la craie marneuse que par leur texture plus sableuse, leur tendance à former des plaquettes, enfin leurs fossiles. Au nord de la même ligne, les silex se montrent de plus en plus nombreux et le système qui les contient augmente constamment d'épaisseur vers le nord, cet excès de puissance paraissant acquis aux dépens de la craie marneuse. Les silex sont d'ailleurs à enduit jaunâtre, comme ceux qu'on observe sur le même horizon dans les falaises de la Hève et de Saint-Jouin.

Les caractères deviennent beaucoup plus uniformes avec la craie mar- *Craie marneuse* neuse, qui n'offre que bien peu de différences, quel que soit le point où on *et craie blanche.* l'observe. Quant à la craie blanche qui la surmonte et qui, d'ailleurs, ne se montre à découvert que sur une faible épaisseur, elle n'offre pas non plus de variations notables dans sa composition. Il est évident qu'à l'époque où se formaient ces dépôts, le Bray faisait partie d'une région de haute mer, où les détritus des côtes n'arrivaient pas en proportions sensibles, tandis que l'activité organique trouvait à s'y exercer dans des conditions de tranquillité particulières, communes au Bray et à tout l'ensemble du bassin de Paris.

TROISIÈME PARTIE

SOULÈVEMENT DU PAYS DE BRAY.

_____

§ 30.

IDÉE GÉNÉRALE DU BOMBEMENT. — COUPE DE GISORS A SONGEONS.

Pour bien comprendre la structure du pays de Bray, il convient d'aborder ce pays transversalement à sa direction générale en remontant la vallée de l'Epte depuis Gisors jusqu'à Gournay. On prend ensuite la route de Gournay à Songeons, par Buicourt, et si l'on revient par Gerberoy, Hannaches et Auchy-en-Bray, on aura passé deux fois en revue toute la série des formations qui composent cette intéressante contrée.

La coupe de Gournay à Songeons a été étudiée, en 1831, par la Société Géologique de France, sous la direction de M. Graves. Élie de Beaumont, à qui l'on doit la démonstration du soulèvement du Bray, a figuré cette coupe dans l'Explication de la Carte géologique de France[1]. Elle est ainsi devenue classique. Nous l'étudierons à notre tour en tenant compte des progrès survenus dans la connaissance des divers étages et des découverts nouveaux qu'a fait naître depuis lors l'exploitation des matériaux utiles distribués le long de ce parcours.

_____
1. Deuxième volume, p. 592.

Ainsi que l'ont établi les travaux de MM. Hébert et de Mercey, la craie qui affleure dans les environs immédiats de Gisors appartient à l'horizon supérieur de cette formation, celui qui est caractérisé par la présence des *bélemnites*. C'est cette craie qui sert de substratum au bassin tertiaire dont le rivage peut être facilement étudié aux abords de Chaumont-en-Vexin. Mais on ne la retrouve plus au nord de la vallée de la Troësne, et c'est l'horizon immédiatement inférieur, celui de la craie à *Micraster coranguinum,* qu'on observe, en remontant la vallée de l'Epte, aux environs d'Éragny. Cette assise occupe un niveau de plus en plus élevé à mesure qu'on s'éloigne de Gisors et l'on voit bientôt apparaître par dessous l'étage de la craie blanche à *Micraster cortestudinarium.* Ce dernier s'élève à son tour et, à partir de Talmontier, son altitude va en croissant jusqu'à la falaise du Bray, c'est-à-dire jusqu'aux hauteurs de Sainte-Hélène, sur la rive gauche de l'Epte, et du Temple, sur la rive droite, où sa base seule se montre sur une faible épaisseur, recouverte par l'argile à silex. La craie marneuse occupe le pied des escarpements depuis Talmontier jusqu'à Neufmarché, où, dans le voi-

sinage de la station, apparaît la craie de Rouen. A Saint-Pierre-ès-Champs, près du passage à niveau du chemin de fer, la glauconie se montre à l'altitude 95, et on la voit se relever de plus en plus vers le nord en formant le sol de la terrasse des villages qui s'étend partout, comme on sait, au pied de la grande falaise. Ainsi, d'un côté, les villages d'Ernemont, d'Avesnes, d'Elbeuf-en-Bray; de l'autre, ceux de Fla, de Cuigy, d'Espaubourg, de Saint-Aubin, sont situés sur la glauconie; et cette couche, dont l'affleurement dans la vallée d'Epte se fait, entre Saint-Pierre et Neufmarché, à l'altitude 89, se retrouve à 127 mètres à la ferme des Verts, et à 133 mètres au hameau des Caulquis, près de Saint-Germer. Enfin, au delà de la dépression où passe la route de Saint-Germer au Coudray, on la retrouve occupant la surface du plateau avancé de Montagny, sur lequel elle atteint l'altitude 169, ce qui, depuis Neufmarché, donne une inclinaison de 2,5 pour 100, comptée suivant la ligne de plus grande pente.

Il est donc manifeste que, depuis Gisors, les couches de la craie se relèvent toutes vers l'axe du Haut-Bray. Si maintenant, quittant les bords de l'Epte, ou suit le pied de la falaise depuis Vardes jusqu'à la route de Boschyons à Ernemont, c'est-à-dire en demeurant presque constamment sur une ligne de niveau de la craie glauconieuse, et qu'ensuite on se dirige vers Gournay, on retrouvera successivement toutes les couches comprises entre cet horizon et le néocomien. La descente d'Ernemont est entaillée dans la gaize, au dessous de laquelle le gault, peu épais, disparaît sous les prairies. On chemine ensuite, pendant trois kilomètres, sur une route presque horizontale, et dont les talus laissent néanmoins apercevoir d'abord les sables verts, puis les argiles panachées, enfin les sables, grès ferrugineux et argiles noirâtres du néocomien. Les sables blancs s'observent d'ailleurs aisément au cimetière de Gournay. Ainsi la série des assises est complète, et leur succession, sur une route horizontale, indique clairement qu'elles partagent le plongement déjà constaté pour la craie.

La station de Gournay-Ferrières a été partiellement entaillée dans un mamelon de sable portlandien supérieur, tandis que les fondations des aqueducs de la gare entamaient les argiles bleues du portlandien moyen. Depuis le passage à niveau jusqu'au carrefour de Ferrières, la route se maintient dans le sable portlandien, couronné par le grès ferrugineux à Trigonies. A partir du carrefour jusqu'au chemin de Laudancourt, la route de Songeons demeure aussi dans le portlandien supérieur sableux et ferrugineux. Ainsi, dans la direction de la route, qui est oblique sur la ligne de plus grande pente, le portlandien supérieur manifeste une différence de niveau de 60 mètres pour un parcours de deux kilomètres, soit une pente de 3 pour 100. La pente réelle est donc plus forte, ce qui prouve que le plongement des couches est encore plus sensible à partir de Gournay qu'aux abords de la falaise, où il n'atteint guère que 2,5 pour 100.

Apparition du terrain jurassique à Gournay-Ferrières.

A 400 mètres au delà du chemin de Landancourt, on commence à entrevoir, dans les ornières, la teinte bleue du portlandien moyen et, à 200 mètres plus loin, de petites huîtres se montrent dans cette argile ; mais de suite le facies argileux cesse et on ne tarde pas à rencontrer, sur les bords de la route, de petites exploitations d'un grès calcaire en plaquettes, avec couches sableuses, qui n'est autre que le sommet du portlandien inférieur; et cependant, à mesure qu'on pénètre ainsi dans des assises de plus en plus basses au point de vue géologique, la route n'en continue pas moins à monter, indice certain du plongement des couches.

Le premier point culminant est atteint à la limite des départements de la Seine-Inférieure et de l'Oise, par 187 mètres d'altitude. On descend alors d'environ 8 mètres à travers un système de calcaires marneux, au delà duquel la route, redevenue presque horizontale, laisse apercevoir dans les mares à bestiaux, les grès calcaires à anomies. Juste à un kilomètre de la limite départementale, les champs sont jonchés de cailloux d'un calcaire marneux assez dur, avec moules de bivalves et quelques exemplaires de l'*Ostrea catalaunica*. C'est donc en ce point que doit être placée la limite entre le portlandien et le kimméridien. En effet, de suite après, contre une maison isolée, on voit affleurer la lumachelle à *Ostrea virgula*. Cette lumachelle devient bientôt arénacée et forme quelques bancs durs au voisinage du calvaire d'Haincourt. Prenant alors, sur la gauche, le chemin qui conduit à ce hameau, on voit se succéder, en descendant, la lumachelle, des argiles noires pyriteuses, de nouvelles lumachelles dures ou argileuses, enfin, au hameau lui-même, le calcaire lithographique surmonté par une lumachelle dure. A partir de ce point, en regagnant la route de Songeons par un autre chemin qui vient la rejoindre à 800 mètres du calvaire, on suit constamment la couche de calcaire lithographique, et on la voit encore remonter avec la grande route, sur les bords de laquelle elle est exploitée jusqu'au point culminant, situé à l'altitude 214 et d'où se détache à droite le chemin conduisant à Bellefontaine.

Pente moyenne de l'étage kimméridien.

Or, si l'on mesure la distance de ce point culminant à la gare de Gournay suivant la ligne de plus grande pente des couches, on la trouve égale à 7 kilomètres. D'ailleurs, en se reportant aux épaisseurs qui ont été précédemment assignées aux diverses assises des étages kimméridien et portlandien, on constate que sous la gare de Gournay, le calcaire lithographique doit se trouver à environ 25 mètres au-dessous du niveau de la mer. Il en résulte, pour ce calcaire, une pente totale de 240 mètres pour 7 kilomètres, soit une moyenne de 3,5 pour 100.

A partir du point 214, la route descend en tranchée au milieu d'argiles noires pyriteuses qui appartiennent au système inférieur de l'étage kimméridien. Ensuite vient un col à l'altitude 198, au delà duquel la route remonte pour atteindre 201 au calvaire de Buicourt. Mais déjà, à 800 mètres de ce calvaire, le calcaire lithographique a recommencé à se montrer à la surface du sol. Le calvaire lui-même est dans la lumachelle virgulienne et, à quelques pas de là, un puits creusé au bord de la route a rencontré de suite la couche à *Ostrea catalaunica,* base du portlandien. Il est donc évident que la crête du Haut-Bray, sur laquelle se trouve le point 214, marque une ligne de faîte au delà de laquelle les couches, jusqu'alors inclinées au sud-ouest, vont prendre une pente dirigée vers le nord-est. Mais ce second versant sera beaucoup plus raide que le premier. En effet, tandis qu'il avait fallu une distance de 7 kilomètres pour nous faire passer du portlandien supérieur au calcaire lithographique, 1,600 mètres vont suffire pour parcourir la même série en sens inverse. Une mare à bestiaux, ouverte entre le calvaire de Buicourt et la tuilerie, a d'ailleurs permis de mesurer directement l'inclinaison des couches, qui s'élevait en cet endroit à 15 ou 20 degrés.

Pour bien étudier la succession des assises à partir du calvaire du haut de Buicourt, il convient de quitter la grande route, bordée de prairies, où le sous-sol géologique ne se montre pas à découvert, et de descendre par le chemin creux à gauche, entaillé dans le portlandien inférieur, qui est constitué en cet endroit par un calcaire marneux fossilifère. On arrive ainsi, après avoir traversé l'argile bleue du portlandien moyen, d'ailleurs peu facilement visible, à la sablonnière de Buicourt, ouverte dans le sable ferrugineux du portlandien supérieur, dont on peut constater le recouvrement, d'abord par des argiles grasses bariolées, ensuite par les glaises du néocomien inférieur. Prenant alors le chemin de l'église, on traverse successivement les sables blancs, puis les sables et grès ferrugineux avec argiles noires, en couches sensiblement inclinées. On quitte le chemin un peu avant l'église pour prendre, à droite, un sentier ou plutôt un mauvais chemin creux fortement encaissé et dont les parois verticales montrent, tantôt le gault, tantôt les sables verts. On arrive ainsi à une exploitation où les argiles de la gaize inférieure sont extraites avec celles du gault, et, à moins de 100 mètres sur la droite, on trouve, tout contre la route de Songeons, à la tuilerie, une carrière de glaise panachée de blanc et de rouge sang. Ayant ainsi rejoint la grande route, on n'a plus qu'à la suivre pendant 200 mètres, à partir de la tuilerie, jusqu'à un carrefour où il sera facile de distinguer, à l'entrée du bois de Songeons, une petite marnière ouverte dans la craie à *Inoceramus labiatus*.

Chemin de Buicourt
à Wambez.

La rapidité avec laquelle la craie succède aux assises précédentes, alors que celles-ci ne montrent, partout où on peut les observer à découvert, qu'un plongement inférieur à 20 degrés, laisse soupçonner qu'il doit y avoir, entre la craie et le gault, quelque accident de la nature d'une faille. Pour s'éclairer à cet égard, il convient de prendre, à partir du carrefour de la Tuilerie, le chemin conduisant à Wambez. On descend ainsi d'une cinquantaine de mètres sans cesser de se trouver en pleine craie marneuse, ayant à sa droite une suite d'exploitations de glaise panachée, dont le chemin se trouve séparé par une dépression étroite et bien marquée, où doivent affleurer les sables verts, le gault, la gaize et la glauconie. Cette dépression n'est autre que le sillon longitudinal de la falaise du nord-est, déjà décrit dans la première partie de ce mémoire, et qui, très accentué partout, se trouve exceptionnellement atrophié, à la Tuilerie de Buicourt, par un col dont profite la route de Gournay à Songeons.

Au point le plus bas du chemin, on traverse le ruisseau de Tahier auprès d'un lavoir et on regagne la route de Gerberoy à Gournay par un chemin creux entaillé dans une craie sans silex, très fissurée. Or, au carrefour de Wambez, à 14 mètres au-dessus de l'origine de cette craie, on aperçoit des lambeaux très nets de glauconie, tandis qu'en montant à Gerberoy, on trouve la craie marneuse supérieure en couches presque horizontales et que, en se dirigeant vers la Chapelle, on atteint, à 600 ou 700 mètres du carrefour de Wambez, la craie à *Micraster coranguinum*, occupant un niveau inférieur de 17 mètres à celui du carrefour où se montrait la glauconie.

Cet affleurement glauconieux, surgissant au milieu d'assises très modérément inclinées, atteste que les couches ont subi, suivant le sillon longitudinal du nord-est, un effort auquel elles n'ont pu obéir sans se rompre, ou, tout au moins, sans prendre une allure verticale et brouillée qui se trouve localisée dans un espace très restreint. Dès lors nous sommes en possession d'éléments plus que suffisants pour apprécier la structure du Bray entre Ernemont et Gerberoy. C'est un véritable soulèvement, ayant fait surgir les assises du calcaire lithographique jusqu'à une hauteur presque égale à celle des falaises crayeuses et leur ayant donné la forme d'un dôme à deux versants très inégaux. Tandis que le versant sud-ouest se déploie régulièrement avec une pente comprise entre 2,5 et 3,5 pour 100, non seulement le versant nord-est affecte des pentes de 10 à 20 degrés, mais ces pentes sont concentrées dans un espace très limité ; la craie de la falaise reprend, presque immédiatement, une allure voisine de l'horizontalité, et le raccordement de cette craie solide en bancs peu inclinés, avec les couches meubles et sensiblement redressées du terrain crétacé inférieur se fait par un pli très brusque qui, le plus souvent, se résout en une faille.

Interprétation de la coupe.

Ainsi l'on voit que le soulèvement du Bray n'est pas dû à une impulsion verticale de bas en haut. C'est le résultat d'un refoulement latéral énergique, qui tendait à faire chevaucher la surface de la Normandie par-dessus celle de la Picardie.

La figure ci-jointe, où la coupe est faite suivant une ligne droite orientée 48°, résume avec une certaine exagération dans les hauteurs et, par suite, un inévitable changement dans la valeur relative des pentes, toutes les indications qui viennent d'être données.

On voit aisément sur cette coupe quelle est la vraie signification géologique des divers éléments orographiques du Bray, dont l'analyse a fait l'objet de la première partie de ce mémoire. La falaise du sud-ouest est entièrement constituée par la craie marneuse, dont la parfaite homogénéité comporte, sur toute sa hauteur, un profil uniforme. La terrasse des habitations représente l'affleurement de la craie de Rouen et de la gaize, et

Signification des éléments orographiques du Bray.

son isolement se comprend sans peine, les couches solides qui composent la partie supérieure de cet ensemble ayant offert aux agents d'érosion une plus grande résistance que la craie marneuse. La surface un peu indécise qui succède à la terrasse correspond aux sables et aux argiles du crétacé inférieur, formation dépourvue de couches solides continues, de sorte qu'elle se laisse capricieusement découper par les influences atmosphériques. Enfin, le Haut-Bray est formé par le terrain jurassique, et son allure de croupe si régulière est due principalement au calcaire litho-

Fig. 7.

Coupe de Boschyons à Songeons.

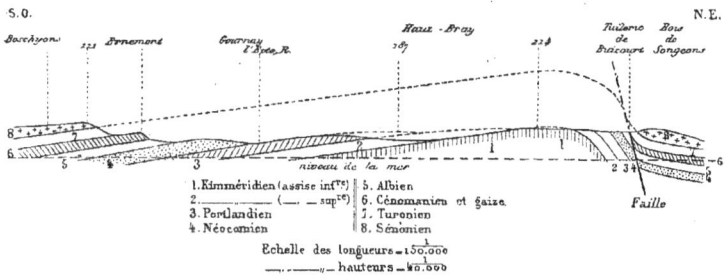

S.O.   N.E.

1. Kimméridien (assise inf[re]) 5. Albien
2. _____ (___ sup[re])   6. Cénomanien et gaize
3. Portlandien   7. Turonien
4. Néocomien   8. Sénonien

Faille

Echelle des longueurs = $\frac{1}{50.000}$
— hauteurs = $\frac{1}{40.000}$

graphique du kimméridien, sur la surface duquel se sont arrêtés les efforts de la dénudation qui a façonné la contrée. La coupe accuse la tendance que manifeste parfois le Haut-Bray à se diviser en deux croupes successives, l'une kimméridienne, l'autre portlandienne. Néanmoins, il arrive souvent que ces deux croupes n'en font qu'une, ainsi qu'on l'observe sur la route de Gournay à Songeons, dont le tracé ponctué, en arrière de la coupe, représente le parcours.

Quant au sillon longitudinal de la falaise du nord-est, sillon exceptionnellement atrophié à Buicourt, il correspond à la dislocation terminale du Bray, qu'elle se présente comme pli brusque ou comme faille, et accuse la différence de dureté des deux lèvres de cette dislocation, dont l'une est formée de craie tandis que l'autre ne comprend que des couches sableuses ou argileuses.

Il convient maintenant de remarquer que, si les divers éléments géo- Érosions postérieures au soulèvement. logiques du pays de Bray ont pu s'isoler ainsi et revêtir, grâce au rôle orographique de chacun d'eux, une individualité distincte, cela tient à ce que le dôme du Haut-Bray a été en grande partie démantelé par de puissantes érosions. La figure 7 rétablit, par une ligne ponctuée, le profil que devrait affecter la surface de séparation de la craie marneuse turonienne et de la craie blanche sénonienne si la continuité des couches avait été respectée. Dans ce cas, l'arête culminante du Bray, au lieu de se trouver à 214 mètres d'altitude, eût été à 600 mètres, chiffre très elevé si l'on réfléchit que de pareilles altitudes n'existent, dans le bassin de Paris, que dans le Morvan, les Vosges ou l'Auvergne. On peut constater sur le profil de la figure 7 que, d'une falaise à l'autre et à partir du niveau de la mer, la partie du soulèvement qui a été enlevée par l'érosion est plus considérable que celle qui a été respectée, en même temps que l'altitude 214 du Haut-Bray ne représente guère que le tiers de celle qui aurait dû résulter du ridement intégral.

Le travail accompli par l'érosion a dû être singulièrement facilité, à l'origine, par l'état fragmentaire des assises supérieures. En effet, on sait, par l'expérience des tremblements de terre, que c'est toujours dans les assises superficielles d'un massif soulevé ou disloqué que se concentrent les fissures, parce que l'effort, jusque-là propagé par continuité à travers une série de couches contiguës, est alors obligé de se dissiper dans l'atmosphère. De plus, la partie extérieure d'une voûte subit un maximum de tension qui la fait ouvrir dans le voisinage de la clef. Pour ces diverses raisons, on comprend aisément que les portions les plus élevées du dôme du Bray aient été, dès l'origine, partagées par des fractures en un grand nombre de fragments que les agents ordinaires d'érosion n'ont pas eu grand'-peine à débiter. Toutefois, il est difficile de penser que le travail de la gelée, de la pluie et des cours d'eau ait suffi, avec son intensité actuelle, à l'accomplissement d'une pareille tâche. Non seulement il y faut faire inter-

14

venir une activité sensiblement plus grande dans les forces que nous voyons
aujourd'hui à l'œuvre; mais quand on réfléchit à l'égalité presque absolue
de hauteur qui existe entre l'arête du Haut-Bray et les crêtes des falaises;
quand on considère, en outre, la surface si remarquablement plane des
plateaux de la Normandie et de la Picardie, il est difficile de ne pas admettre
qu'à l'action des agents ordinaires une autre cause a dû se joindre, qui a
nivelé et arrêté, à un plan uniforme, la surface supérieure de la contrée
avant que le système actuel des vallées et des accidents secondaires y fût
dessiné.

En résumé, la coupe de Boschyons, par Gournay, à Songeons, nous
apprend à considérer le Bray comme le reste d'un ridement dû à un effort
latéral de refoulement et composé de deux versants dissymétriques. L'un
de ces versants, celui qui regarde la Picardie, est beaucoup plus abrupt
que l'autre, de telle sorte qu'il se termine par une partie disloquée, où les
couches tendent à prendre une allure verticale et à chevaucher par faille
les unes sur les autres.

Les détails nombreux dans lesquels nous venons d'entrer paraîtront
peut-être superflus à tous ceux pour qui la réalité du soulèvement du Bray,
depuis les travaux d'Élie de Beaumont, ne fait plus l'objet du moindre
doute. Mais, d'une part, ces détails sont bien à leur place dans une description systématique de la contrée et, de l'autre, il ne faut pas oublier qu'on
a eu quelque peine, au début, à faire accepter l'idée que le Bray ne devait
pas sa structure à un simple phénomène d'érosion. M. Graves s'est cru
obligé de discuter sérieusement cette hypothèse et d'énumérer les preuves
qui devaient la rendre inacceptable, tant était grande, à cette époque, l'influence exercée par l'école anglaise dite des causes actuelles! De nos jours
encore, il se trouve, en Angleterre, des géologues pour méconnaître combien
est subordonné le rôle joué par les agents d'érosion dans la formation des
reliefs du globe. C'est pourquoi il a paru nécessaire de ne négliger aucune
des indications que fournit l'étude stratigraphique du Bray, et de faire
connaître avec précision, dans cette contrée où le sous-sol est trop souvent
masqué par les prairies, tous les points où l'on peut observer les couches

sous une inclinaison que personne ne songerait à attribuer aux conditions
originelles de leur dépôt.

A ce point de vue, il est utile de compléter la coupe de Gournay à *Coupe de Gerberoy à Gournay.*
Songeons par celle de Gerberoy à Gournay. Nous avons dit qu'au carrefour
où les chemins de Buicourt, de Gerberoy et de Wambez viennent se croiser
sur la route départementale de Gournay à Marseille, on pouvait observer
le contact, par faille et brouillage, de la craie marneuse avec un lambeau
de glauconie. Reprenant, à partir de ce point, la route de Gournay, qui
s'éloigne peu de l'horizontale jusqu'au pied de la côte de Bellefontaine, on
traverse d'abord une prairie et, à 300 mètres du carrefour, on peut observer
sur le côté droit de la route une exploitation d'argile panachée identique
avec celle de la Tuilerie de Buicourt. De suite après, apparaissent, en couches sensiblement inclinées au nord-est, les grès ferrugineux et les argiles
noires du néocomien. Ce système s'observe bien dans le chemin creux qui
descend de la route vers le vallon de Wambez à 450 mètres du carrefour.
Si, après avoir pris ce chemin, on tourne à droite sur le chemin de Wambez à Bois-Aubert, on ne tarde pas à rencontrer deux exploitations ouvertes
dans les sables blancs de la base du néocomien, lesquels plongent au nord-
est d'un angle variable entre 20° et 30°. Revenant alors par le même chemin
creux, on traverse la grande route et on prend à gauche, auprès d'une
ferme, l'ancienne route de Gournay à Gerberoy, aujourd'hui réduite à un
simple chemin d'exploitation. On trouve alors, directement au-dessus des
sablières du vallon, un affleurement des glaises qui forment la base du
néocomien inférieur et, immédiatement après, un trou montrant le sable
portlandien supérieur, recouvert en couches très sensiblement inclinées,
par un grès dur ferrugineux, où l'on rencontre des fossiles connus dans le
portlandien supérieur du Boulonnais.

En redescendant sur la grande route, et suivant cette dernière dans la
direction de Gournay, on y observe, d'une manière plus ou moins distincte,
les étages portlandien et kimméridien supérieur, ainsi que les calcaires
lithographiques, dont les débris abondants jonchent les champs sur la
droite, tandis que leurs strates inclinées accompagnent tout le temps, de

l'autre côté du vallon, le chemin de Wambez à Bois-Aubert. Toute la montée de la crête du Haut-Bray est dans le système argileux inférieur du kimméridien et c'est seulement sur l'arête de la crête, située à peu près à l'altitude 210, qu'on voit reparaître le calcaire compact; mais alors il commence à plonger au sud et on ne le quitte plus jusqu'au pied de la descente vers Bazincourt. Il convient à ce moment de prendre le chemin qui traverse ce hameau, situé sur les lumachelles virguliennes supérieures, et, après avoir passé devant l'église d'Hannaches, de remonter vers Villers-sur-Auchy. Le début de la montée laisse apercevoir la couche à *Ostrea catalaunica*, base du portlandien, tandis que le sommet est déjà dans le grès ferrugineux du portlandien supérieur. Cette formation règne sur le plateau jusqu'à l'entrée d'Auchy-en-Bray, où l'on voit affleurer les sables blancs du néocomien, exploités, pour sable ou pour glaise réfractaire, sur tout le tertre de l'ancien bois de Ferrières. Enfin la gare des marchandises de Gournay est située juste sur la surface de contact du néocomien et du portlandien, à 99 mètres d'altitude; ce même contact étant porté à une hauteur de 135 mètres au pied de l'église d'Auchy, il en résulte, en ce point, une pente d'environ 2 pour 100.

§ 31.

PROFIL LONGITUDINAL DU SOULÈVEMENT.
SES PRINCIPALES DIRECTIONS.

Jusqu'ici nous ne nous sommes occupés que du profil transversal du soulèvement. Il convient maintenant de porter notre attention sur l'allure qu'il affecte suivant sa direction générale.

Méplat du Haut-Bray.   Lorsqu'on est parvenu au point culminant de la route de Gournay à Songeons, à 244 mètres d'altitude, et qu'on regarde, soit dans la direction du nord-ouest, soit dans celle du sud-est, on remarque que le sol demeure horizontal à perte de vue dans les deux sens et forme un méplat de très peu de largeur, mais d'une grande uniformité de caractères. Depuis Bazancourt jusqu'au hameau de Bois-Aubert, c'est-à-dire sur 10 kilomètres, l'altitude de ce méplat reste constante et sensiblement égale à 214. Telles sont, en effet, les cotes du moulin de Bois-Aubert et du sommet qui sépare Hévécourt d'Haincourt. Les autres cotes du méplat sont toutes comprises entre 210 et 212. Enfin le sol y est partout jonché de cailloux blancs, ce qui prouve que la couche de calcaire lithographique, dont on sait que l'épaisseur n'atteint pas 4 mètres, conserve sur tout ce parcours une horizontalité absolue suivant la direction de l'arête du Haut-Bray. D'ailleurs l'orientation de cette arête est aussi rigoureusement constante et égale à 130°.

Mais ces caractères ne demeurent invariables que dans les limites qui Limites du méplat. viennent d'être indiquées. De Bois-Aubert au hameau de Lanlu, le sol s'abaisse assez rapidement et, avec lui, les calcaires lithographiques plongent vers le sud-est, de telle sorte qu'à l'entrée de Lanlu, dans l'axe même du méplat, on ne les trouve plus qu'à 190 mètres. Ils disparaissent d'ailleurs définitivement en ce point et si, plus loin vers le sud-est, on retrouve encore des altitudes égales et même supérieures à 214, du moins il n'y a plus de Haut-Bray proprement dit. La croupe et le méplat si caractéristiques qui servaient à le définir ne se prolongent pas au delà de Lanlu, et désormais les points culminants du Bray, jusqu'à sa pointe sud, seront occupés, non plus par des couches jurassiques, mais par des sédiments crétacés.

L'arête du Haut-Bray disparaît beaucoup moins rapidement au nord-ouest et, si elle s'abaisse légèrement au-delà de Bazancourt, du moins, aux environs de Courcelles, c'est-à-dire à 6 kilomètres de là, le calcaire lithographique occupe encore le méplat culminant à l'altitude 206. A partir de ce point, la croupe du Haut-Bray, resserrée entre la vallée de l'Epte et le sillon de la falaise du nord-est, vient finir au tertre de Saint-Michel d'Halescourt. Ce tertre fait partie d'une chaîne interrompue de points culminants, située exactement dans le prolongement de l'arête du soulèvement, et où se rencontrent des altitudes de 236 et plus, c'est-à-dire les plus fortes de toute la contrée. Les sédiments qui couronnent ces hauteurs appartiennent au portlandien. D'ailleurs, à Louvicamp, soit à 14 kilomètres au nord-ouest de Courcelles, le calcaire lithographique affleure encore dans les ravins, à 160 mètres au-dessus du niveau de la mer; et tandis que le portlandien supérieur disparaît définitivement entre la Chapelle-aux-Pots et Saint-Paul, soit à 6 kilomètres de Lanlu et à l'altitude 110, la même formation existe encore à cette hauteur, dans l'axe du Bray, en face de Neufchâtel, c'est-à-dire à 24 kilomètres de Courcelles.

Dissymétrie
du Haut-Bray.
Par suite, à ne considérer que le terrain jurassique, le soulèvement du Bray, envisagé suivant sa direction, comprend une partie horizontale culminante, d'environ 16 kilomètres, et deux versants inégalement inclinés, celui du nord-ouest ayant une pente d'environ $0^m,875$ pour 100, et celui du sud-est une pente quatre fois plus forte et égale à $3^m,35$ pour 100. Cette dernière correspond à peu près à un angle de 2°; elle est supérieure à celles que nous avons observées, dans la section transversale du Bray, pour le versant sud-ouest, aux environs de Gournay. Ainsi le soulèvement du Bray, dissymétrique suivant son profil en travers, l'est encore suivant sa direction.

Mais pour avoir une idée générale exacte du soulèvement, il ne suffit pas de considérer les formations jurassiques; il faut encore faire entrer en ligne de compte les assises crétacées qui prolongent, des deux côtés, l'îlot défini par les affleurements kimméridiens et portlandiens. On reconnaît alors que le versant nord-est prend, à partir de Neufchâtel, une pente sensiblement plus rapide, égale à environ $1^m,4$ pour 100, tandis qu'au contraire le versant sud-est, à partir de la limite du portlandien, n'a plus qu'une pente de $0^m,75$ pour 100.

Par suite, abstraction faite des détails secondaires qu'un examen plus attentif pourra nous révéler, l'arête longitudinale du Bray, ou l'axe anti-clinal du soulèvement tel qu'il pourrait être défini par la surface supérieure du portlandien si cette dernière était continue au dessus du Haut-Bray,
Contraste de l'arête
anticlinale avec
l'arête orographique.
serait convenablement représentée par le diagramme de la figure 8.

L'allure du profil longitudinal du soulèvement contraste d'une manière remarquable avec celle de l'arête orographique longitudinale du Bray. En effet, la figure 3 nous a montré que le versant hydrographique de la Béthune était beaucoup moins étendu que celui dont les eaux se déversent au sud-est; de plus, la figure 6 indique une égalité d'allure orographique presque absolue de part et d'autre du Haut-Bray. Il résulte de là que les conditions topographiques actuelles du pays de Bray ne dépendent pas seulement du soulèvement simple dont nous avons défini les traits généraux. Elles sont même, jusqu'à un certain point, en contradiction apparente avec ce que l'allure des couches aurait pu faire prévoir; car le profil de la figure 8 autoriserait la

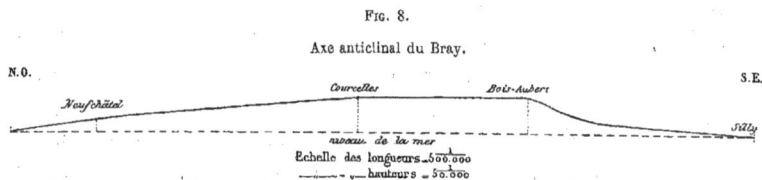

FIG. 8.

Axe anticlinal du Bray.

N.O.   S.E.

Neufchâtel   *Courcelles*   *Bois-Aubert*   *Silly*

niveau de la mer
Echelle des longueurs _500.000_
hauteurs _50.000_

supposition que la ligne de partage des eaux de la contrée doit être aux environs de Bois-Aubert, tandis qu'en réalité, elle se trouve à l'ouest de Courcelles et en dehors même de la région où s'est fait sentir le maximum de l'action soulevante. La cause de cette contradiction doit être cherchée, d'une part, dans les influences qui ont démantelé le dôme du Bray et où le travail de l'érosion n'a été en aucune façon proportionnel à la dénivellation antérieure des assises; d'autre part, dans ce fait que le soulèvement du pays de Bray a dû se superposer à d'autres accidents stratigraphiques, en sorte que la structure actuelle de la région est, en réalité, la résultante d'actions multiples qu'une analyse détaillée sera seule capable de mettre en lumière.

En combinant ce que nous savons déjà du profil transversal et du profil longitudinal du Bray, il sera facile de rendre compte des particularités qui distinguent les affleurements tracés sur la carte géologique de la contrée. Si le soulèvement avait la forme d'un dôme elliptique régulier, les

Allure des affleurements successifs.

couches mises à découvert par le démantèlement de la partie centrale du dôme viendraient former une série d'auréoles concentriques, de forme ovale allongée, autour de l'îlot kimméridien qui occupe le centre. Mais, par suite de la dissymétrie marquée des deux versants, toute la partie du dôme située au nord-est du grand axe de l'ellipse est atrophiée et comme serrée contre la dislocation rectiligne qui termine le Bray de ce côté. Les affleurements ne peuvent donc se développer que sur le versant sud-ouest; de là vient cette forme d'amphithéâtre à gradins, que nous avons signalée dans la première partie de ce mémoire, chaque gradin correspondant à une assise de couches solides, moins facilement entamée par l'érosion que les couches meubles auxquelles elle servait de base. Sur le versant nord-est, les affleurements ne peuvent former qu'une série de bandes parallèles étroites, dont quelques-unes même disparaissent lorsque la dislocation terminale se résout en une faille.

Les auréoles concentriques du versant sud-ouest devraient affecter une courbure régulière si le soulèvement du Bray était un phénomène simple. C'est bien à peu près ce qu'on observe. Néanmoins, ces affleurements prennent, dans bien des cas, une allure exactement rectiligne qui ne peut manquer de frapper et que nous avons déjà signalée en comparant la figure du Bray à celle d'un trapèze. Ainsi, depuis Bures jusqu'à Argueil, c'est-à-dire sur 30 kilomètres, la falaise crayeuse et, avec elle, les affleurements qu'elle domine, conservent rigoureusement l'orientation 150°. Or cette orientation est celle de la coupure, si remarquablement rectiligne, dans laquelle l'Epte s'est frayé un lit depuis Haussez jusqu'à Gournay, et qui même, par un des affluents de l'Epte, se prolonge jusqu'au pied de Saint-Michel d'Halescourt, offrant ainsi, sans déviation sensible, une longueur de 20 kilomètres. On ne peut donc se refuser à y voir une importante direction de fractures.

De même, depuis Ons-en-Bray jusqu'à la limite sud-est de la région, à Silly, les affleurements s'allongent très sensiblement en pointe, suivant une direction bien rectiligne, orientée 120°.

Enfin si l'on considère la limite du kimméridien entre Villembray et

Glatigny, ou celle des sables blancs néocomiens près de Saint-Germain-la-Poterie, on remarque qu'elles sont exactement parallèles au contrefort si net qui termine le Bray au sud-est, et que cette direction, orientée 32°, est celle de la coupure qui interrompt la grande falaise au sud de Gournay et permet à l'Epte de s'écouler vers Gisors.

Tout cela nous fait pressentir, dans la structure du Bray, une compli-cation plus grande qu'on ne serait tenté de le croire au premier abord. Complication relative du soulèvement. Ajoutons qu'à partir de Glatigny, la dislocation terminale, jusqu'alors si régulièrement orientée 130°, fait un coude marqué et prend l'orientation 134°, destinée à se poursuivre sans altération non seulement jusqu'à la pointe sud-est du Bray, mais encore jusqu'à la vallée de l'Oise, à 20 kilomètres au delà du Bray, par la falaise qui termine au nord-est le plateau de Thelle.

On voit par ces détails que si, pour plus de simplicité, nous avons, dans la première partie de ce mémoire, représenté le Bray comme un amphithéâtre de forme trapézoïdale, il convient de rectifier cette indication en spécifiant : 1° que la grande base du trapèze est formée de deux parties droites faisant entre elles un angle de 4 degrés; 2° que le côté du trapèze venant rejoindre l'extrémité sud-est de la base est aussi composé de deux parties rectilignes : l'une, celle du Coudray Saint-Germer, orientée 107°; l'autre, celle d'Auneuil, orientée 120°.

§ 32.

VARIATIONS DU PROFIL TRANSVERSAL DU BRAY.

Le profil transversal du soulèvement est fort loin de présenter la même allure, en quelque point du Bray qu'on l'observe. Pour définir ses variations, nous étudierons successivement quatre coupes prises, la première aux environs de Neufchâtel, la seconde suivant la ligne de partage des eaux, la troisième de Saint-Germer à Villembray, enfin la quatrième d'Auneuil à

15

Saint-Martin-le-Nœud. Nous nous préoccuperons surtout, dans ces coupes, de l'allure du versant tourné au sud-ouest, réservant à un chapitre spécial l'étude de la dislocation terminale.

Coupe de Follemprise
au Mont-Ricard. I. — La première coupe est faite suivant une ligne droite orientée 40° et dirigée du hameau de Follemprise au signal du mont Ricard, au-dessus de Neufchâtel. Sur cette coupe, l'étage kimméridien ne se montre au jour

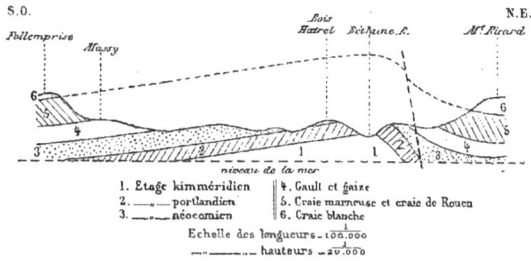

FIG. 9.

Coupe de Follemprise au mont Ricard.

qu'au fond de la vallée de la Béthune. La surface de contact du néocomien et du portlandien offre une pente de 3 pour 100 sur le versant sud-ouest. Les conditions sont donc à peu près identiques avec celles de la coupe de Gournay à Songeons.

Sans la dénudation, le sommet de la craie marneuse, au point culminant de la coupe, serait à environ 360 mètres d'altitude.

Coupe de Bosc-Asselin
à Gaillefontaine. II. — La seconde coupe est faite suivant une ligne orientée 47° et menée de Bosc-Asselin, par la Ferté-Saint-Samson, au point de croisement des routes de Gaillefontaine à Gournay et de Gaillefontaine à Beauvais.

Cette coupe, presque exactement perpendiculaire à l'axe anticlinal du soulèvement, se tient, surtout dans sa partie nord-est, au voisinage immédiat de la ligne de partage des eaux, qu'elle franchit au point coté 225. Pour mieux apprécier les faits qu'elle met en évidence, on a groupé les étages autrement que dans les coupes précédentes, en réunissant au néocomien le portlandien supérieur, que sa faible épaisseur n'eût pas permis de distinguer à l'échelle adoptée.

Fig. 10.

Coupe de Bosc-Asselin à Gaillefontaine.

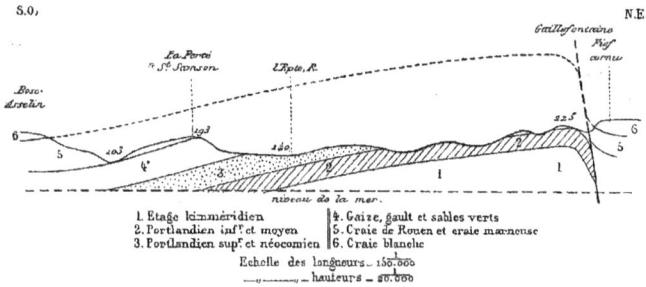

1. Étage kimméridien
2. Portlandien inf.t et moyen
3. Portlandien sup.t et néocomien

4. Gaize, gault et sables verts
5. Craie de Rouen et craie marneuse
6. Craie blanche

Echelle des longueurs... 150.000
———— — hauteurs — 50.000

On voit que, contrairement à ce qui avait lieu, soit pour la coupe de Gournay à Songeons, soit pour celle de Follemprise au mont Ricard, le plongement des couches va en diminuant depuis la falaise de Bosc-Asselin jusqu'à l'axe anticlinal. Ce plongement, qui est de 2,3 pour 100 pour la craie glauconieuse jusqu'à la Ferté-Saint-Samson, n'est plus que de 1,5 pour 100 pour le portlandien supérieur, depuis l'Epte jusqu'au point culminant. En outre, l'axe anticlinal est, plus que partout ailleurs, rapproché de la falaise terminale, en sorte que le versant nord-est du ridement n'occupe pas, en projection horizontale, une largeur de 500 mètres.

Mais cette coupe met en évidence un autre résultat remarquable; le point 225 correspond au contact du portlandien et du néocomien. Or, à 1 kilomètre au nord-ouest de ce point, et juste sur le prolongement de l'axe anticlinal, la hauteur qui sépare le Thil-Riberpré de Gaillefontaine offre le sommet du portlandien supérieur à une altitude voisine de 240 mètres.

Donc la surface du portlandien supérieur, au lieu de s'élever constamment depuis Neufchâtel jusqu'à la partie culminante du Haut-Bray, offre un premier dôme aux environs du Thil, et s'abaisse ensuite de manière à former, sur la ligne de partage, un véritable col.

Ce résultat, combiné avec la diminution sensible de la pente des couches entre l'Epte et le point culminant 225, nous apprend que la ligne de partage des eaux du Bray coïncide avec un changement momentané dans l'allure générale du soulèvement. La ligne géologique anticlinale de la contrée n'a donc pas une courbure continue. Après s'être abaissée depuis le Haut-Bray jusqu'au col de Gaillefontaine, elle se relève de nouveau, d'une faible quantité il est vrai, aux environs du Thil, comme si une cause spéciale, telle que l'existence, en ce point, d'un accident orographique antérieur, avait, le long de la ligne de partage, diminué l'intensité du soulèvement.

Coupe du
Coudray-Saint-Germer
à Hanvoile.

III. — La troisième coupe est menée à environ 8 kilomètres au

Fig. 11.

Coupe du moulin de Pierre à Hanvoile.

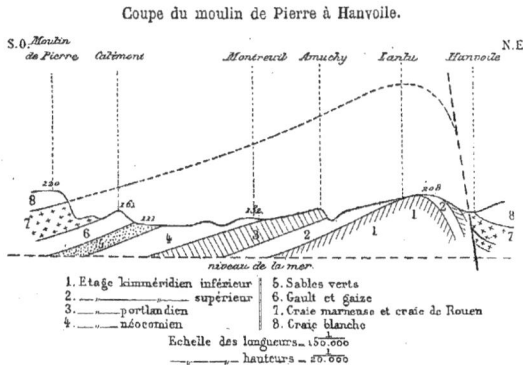

1. Etage kimméridien inférieur   5. Sables verts
2. _____   supérieur   6. Gault et gaize
3. _____ portlandien   7. Craie marneuse et craie de Rouen
4. _____ néocomien   8. Craie blanche

Echelle des longueurs _ $\frac{1}{55.000}$
           hauteurs _ $\frac{1}{50.000}$

sud-est de Gournay, avec une orientation de 28°, depuis le signal du Moulin-de-Pierre, près le Coudray-Saint-Germer, jusqu'au village d'Hanvoile. Elle passe par le hameau de Lanlu, c'est-à-dire juste au point où l'axe anticlinal géologique s'abaisse brusquement vers le sud-est.

Cette coupe offre une allure très différente de la précédente. En effet,
la glauconie crayeuse y affleure à 147 mètres d'altitude, au pied de la
falaise du Coudray, sur le chemin de Cuigy à Saint-Germer; or, on la
retrouve sur le plateau de Calimont, à l'ouest du point coté 161, à l'altitude 170, ce qui, en raison de la distance des deux points, comptée perpendiculairement à l'orientation des couches, donne une pente de 4,3 pour
100, la plus forte que nous ayons encore constatée pour la craie glauconieuse sur le versant sud-ouest.

Mais la pente des couches jurassiques sur cette coupe est encore bien
plus rapide. En effet, au-dessous d'Amuchy, sur le chemin de Villembray à
Senantes, on observe la base du portlandien à 135 mètres. Nous savons
que, dans ces parages, l'étage kimméridien supérieur a 60 mètres de
puissance. Le sommet des calcaires lithographiques, sur la même verticale,
doit donc se trouver à 75 mètres. Or, ces mêmes calcaires se retrouvent à
la sortie de Lanlu vers Montperthuis, à l'altitude 190. Il en résulte une
pente d'au moins 6 pour 100, à peu près double de celle de la croupe des
calcaires lithographiques sur la route de Gournay à Songeons.

La coupe du Moulin-de-Pierre à Hanvoile offre ainsi le maximum de
l'effort vertical du ridement, et il est remarquable que ce maximum soit
réalisé, non entre Bois-Aubert et Bazancourt, où l'axe anticlinal du Bray
est le plus élevé, mais juste au point où cet axe subit, vers le sud-est,
la chute caractérisée que nous avons déjà signalée. La liaison ainsi établie
entre cette chute et l'exagération locale de la pente des couches autorise la
supposition que ces deux phénomènes se sont produits ensemble et qu'ils
expriment l'un et l'autre l'influence exercée sur le soulèvement du Bray
par quelque accident antérieur.

IV. — La quatrième coupe (fig. 12), est destinée à faire connaître l'allure du soulèvement dans la partie méridionale de la contrée, au voisinage
du point où les sables blancs du néocomien inférieur ont définitivement

Coupe de la
Neuville-sur-Auneuil
à Beauvais.

cessé de se montrer à la surface. La coupe, orientée 43°, part de la Neu-ville-sur-Auneuil et atteint Beauvais après avoir traversé, en son point culminant, la hauteur de Saint-Martin-le-Nœud.

Fig. 12.

Coupe de la Neuville-sur-Auneuil à Beauvais.

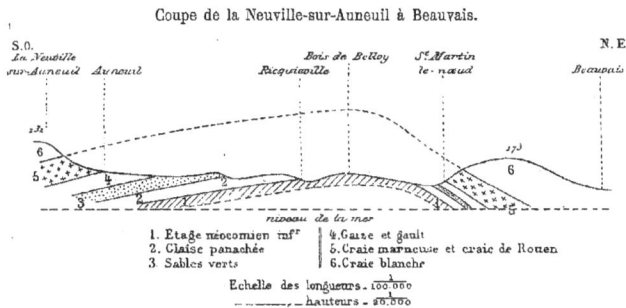

1. Étage néocomien inf^r
2. Glaise panachée
3. Sables verts
4. Gaize et gault
5. Craie marneuse et craie de Rouen
6. Craie blanche

Echelle des longueurs $\frac{1}{100.000}$
— — — — hauteurs $\frac{1}{50.000}$

La région située au pied de la falaise est remarquable, jusqu'au bois de Belloy, par le peu d'importance de son relief. Aussi est-il difficile d'y acquérir une idée tout à fait exacte de l'épaisseur et du plongement des couches. On peut s'assurer, néanmoins, que la pente de la craie glauconieuse se tient aux environs de 2,5 pour 100.

Il se produit une légère augmentation du plongement au delà de la petite vallée de Ricquieville et de Saint-Léger. Tandis que sa rive gauche laisse voir, presque au niveau de la rivière, les glaises panachées, la rive droite, beaucoup plus haute et plus escarpée, est tout entière constituée par les grès ferru-gineux, plongeant d'environ 4 à 5 pour 100, et sous les couches inclinées desquels on voit surgir, dans le bois de Belloy, les argiles noires à poteries. Ainsi, le bois de Belloy doit être considéré comme le dernier témoin, vers le sud-est, de la région du Haut-Bray.

Au point culminant de ce bois, le plongement change de sens, et les assises se retrouvent en ordre inverse sans qu'aucune d'elles fasse entière-ment défaut en affleurement. La glaise panachée et le sable vert s'observent à la descente de la route. Le gault et la gaize occupent le fond du vallon situé entre Flambermont et Aux-Marais. De là jusqu'au sommet de la côte de Saint-Martin-le-Nœud, on peut observer, tour à tour, la glauconie crayeuse, affleurant sous l'église de Saint-Martin, à 90 mètres; puis la craie marneuse et la craie blanche, exploitée dans de grandes carrières et descendant au moins jusqu'à la cote 130. On sait d'ailleurs qu'à Beauvais même, on rencontre la craie à bélemnites.

La coupe semble donc continue. Il y a moins de différence que jamais entre les deux versants du ridement, et il est possible que la dislocation terminale cesse déjà d'affecter la forme d'une faille. Pour résoudre cette question, il faudrait établir une section avec la même échelle pour les hauteurs et les longueurs, afin de voir si toutes les assises, d'épaisseur connue ont la place nécessaire pour se développer. Nous réserverons cette étude pour un autre chapitre. Il nous suffit ici d'avoir montré que la coupe de la pointe sud-est du Bray témoigne d'un ordre de choses beaucoup moins troublé que celle du Coudray à Hanvoile.

En résumé, l'étude des quatre coupes qui précèdent nous apprend que, si le soulèvement du Bray possède, d'un bout à l'autre de la contrée, une réelle homogénéité, la variation des plongements n'est cependant pas régulière et subit, de temps à autre, des accidents assez caractérisés. Comme, d'ailleurs, nous avons vu que la direction et la pente de l'axe anticlinal sont aussi sujettes à varier, on comprend la nécessité d'étudier le soulèvement du Bray, non plus par des coupes plus ou moins rapprochées, mais à l'aide d'un procédé permettant de juger, d'une manière continue, des changements d'allure survenus dans les couches. Telle est la question que nous avons essayé de résoudre et dont l'étude fera l'objet du chapitre suivant.

Résumé.

§ 33.

REPRÉSENTATION GRAPHIQUE DE L'ALLURE DES COUCHES DANS LE PAYS DE BRAY.

Des sédiments marins, surtout lorsqu'ils sont de nature argileuse ou calcaire, peuvent être considérés comme déposés originairement en couches presque rigoureusement horizontales. La surface de séparation de deux couches consécutives serait donc représentée par un plan horizontal si aucun mouvement de l'écorce terrestre n'était venu la modifier après son dépôt. Si, au contraire, le gisement primitif des deux couches a été troublé par des plissements ou des failles, leur surface de jonction se transforme en une surface topographique plus ou moins compliquée et dont l'allure peut être exprimée graphiquement à l'aide de courbes de niveau suffisamment rapprochées.

Par suite, pour représenter aux yeux d'une manière continue l'allure d'un soulèvement, il faut choisir, parmi les assises qu'il a dérangées, deux couches séparées l'une de l'autre par une surface nette et facile à reconnaître. En déterminant l'altitude de tous les points où cette surface se montre à découvert, on aura les éléments voulus pour le tracé des courbes destinées à la figurer.

Cela suppose que la surface en question est toujours directement accessible. En réalité, il en est rarement ainsi, et l'observation immédiate n'en fournit qu'un petit nombre de points ; mais cette surface de repère occupe une place déterminée dans une formation qui offre d'autres couches caractéristiques. On peut le plus souvent évaluer avec précision la distance perpendiculaire de chacune de ces couches à la surface choisie. Dès lors, chaque fois qu'on observe une d'entre elles, son altitude, corrigée d'un chiffre convenable, fournit la cote du point où la même verticale viendrait atteindre la surface de repère dont on poursuit la représentation.

Il est vrai que, si la distance perpendiculaire des deux couches n'est pas constante, ce qui indique que, depuis le dépôt de la première, le fond de la mer s'est abaissé d'une manière inégale, les courbes de niveau de leurs surfaces respectives ne seront pas semblables. Si donc on choisissait la plus profonde pour surface de repère, on s'exposerait à attribuer au dernier soulèvement certains dérangements qui, en réalité, proviennent de phénomènes antérieurs.

A ce point de vue, la couche qu'il serait préférable d'adopter serait évidemment l'assise meuble qui forme la base de la craie glauconieuse, parce qu'elle marque le début d'un système crayeux, très régulier dans son épaisseur comme dans son allure, et qui, certainement déposé en couches horizontales, a été affecté en bloc, de la même façon, par le soulèvement du Bray. *Choix de la surface de repère.*

Mais ici se présente une difficulté. La craie glauconieuse ne peut être observée directement qu'au pied de la grande falaise sur la première terrasse. Entre elle et les couches solides, faciles à reconnaître, du terrain jurassique, s'étendent les sédiments argileux et sableux du terrain crétacé inférieur, et leur plongement est tel que jamais, sur une même verticale, on n'observe à la fois la craie glauconieuse et la glaise panachée, encore moins la première et les sables blancs néocomiens. Comme d'ailleurs les divers étages ne gardent pas, d'un bout à l'autre du Bray, des épaisseurs constantes, il est très difficile de déterminer exactement l'altitude de la craie glauconieuse en se fondant sur celle de l'une des couches du système crétacé inférieur.

Cette difficulté disparaît lorsqu'on arrive au terrain jurassique, où l'argile bleue du portlandien moyen, la couche à *ostrea catalaunica* du portlandien inférieur, mais surtout le calcaire compact lithographique du kimméridien, fournissent des repères très précis et suffisamment rapprochés les uns des autres. On peut donc toujours indiquer avec une suffisante précision l'altitude où devrait se trouver, par exemple, la surface supérieure de l'argile bleue portlandienne, si l'érosion l'avait toujours respectée.

Pour ces raisons, et afin de se borner à une représentation exacte des *Objet de la pl. II.*

16

faits observés, on a figuré, sur la planche II, à l'échelle de $\frac{1}{320,000}$, une portion de la surface de niveau de la craie glauconieuse et une portion de celle
de l'argile bleue portlandienne. L'allure du Haut-Bray, d'une part; celle de
la région des falaises, d'autre part, y sont donc exprimées fidèlement, sans
aucune hypothèse sur les variations que subit l'épaisseur des étages.

Entre ces deux régions s'étend la zone du terrain crétacé inférieur,
dont l'allure, en tout état de cause, eût toujours été moins nette que celle
des zones voisines, la nature meuble des sédiments ayant dû se traduire par
des ondulations plus capricieuses dans leurs surfaces de jonction.

A côté de cette planche, où toutes les altitudes, quand elles n'ont pas
été directement mesurées, ont pu être déduites de calculs d'épaisseurs
fondés sur des données très exactes, il a paru nécessaire d'en dresser une
autre où le soulèvement fût figuré sans aucune solution de continuité. A cet
effet, la planche III a été construite en vue de représenter, sur tout le Bray,
la surface topographique qui serait formée par la base de la craie glauconieuse, dans l'hypothèse où cette base n'aurait pas été entamée par la dénudation. Les premières courbes de la planche III sont naturellement celles
de la planche II, qui résultent de l'observation directe. Les autres ont été
déduites des altitudes relatives aux étages crétacés inférieurs et jurassiques
et présentent, pour cette raison, l'incertitude qui s'attache à la détermination des épaisseurs, surtout dans le néocomien. Néanmoins cette incertitude n'est pas très grande et ne porte que sur de petites fractions de l'épaisseur totale. On s'est d'ailleurs attaché à la restreindre autant que possible
par de nombreuses études de détail faites dans les points où les courbes
d'une couche de repère se rapprochaient le plus de celles de la couche
voisine. Il est donc permis de croire que la planche III exprime avec une
suffisante fidélité l'allure du soulèvement du Bray, et que les causes d'erreur
signalées ne sont pas de nature à affecter les conclusions générales auxquelles
pourra nous conduire l'examen de la surface topographique ainsi représentée :

Les couches qui ont été choisies, en raison de leur netteté, pour la détermination des altitudes, sont les suivantes :

1° Contact du sable vert de la glauconie crayeuse avec la gaize solide ;

2° Contact du gault argileux avec les sables verts de l'étage albien ;

3° Contact des sables verts et de la glaise panachée ;

4° Sommet des sables blancs néocomiens ;

5° Sommet de l'argile bleue portlandienne ;

6° Couche à *Ostrea catalaunica ;*

7° Sommet du calcaire compact kimméridien.

Dans les intervalles des points où l'une de ces sept couches a pu être observée, le tracé des courbes n'a pas non plus été livré au hasard. En effet, là où on voit affleurer, par exemple, les sables et grès du portlandien inférieur, on sait qu'on se trouve seulement à quelques mètres de distance de la base de l'argile bleue, laquelle a, dans tout le Bray, une épaisseur uniforme de 12 mètres. On peut donc, à quelques mètres près, prévoir quelle est celle des courbes horizontales du sommet de l'argile bleue qui doit passer au-dessus du point considéré et, dans bien de cas, cela suffit pour définir rigoureusement l'allure d'une courbe dont on possède déjà plusieurs points directement déterminés.

Nous ferons observer en passant quelle grande utilité offre le tracé des courbes pour la détermination exacte des épaisseurs, dans un pays où les couches sont inclinées et où il n'y a ni puits profonds ni excavations verticales importantes. Ce n'est qu'en superposant, quand cela peut se faire, les courbes relatives à deux couches consécutives qu'on arrive à une connaissance précise de la puissance du système qui les sépare. C'est justement par ce procédé que nous avons été mis sur la voie de ces intéressantes variations que présentent les épaisseurs des étages d'un bout à l'autre du Bray.

La grande difficulté dans l'exécution de ce travail était la connaissance exacte des altitudes. La carte d'état-major ne pouvait fournir à cet égard que des documents tout à fait insuffisants. Aussi l'auteur du présent mémoire n'a-t-il pas hésité à entreprendre, à lui seul, le nivellement de toute la surface du Bray, à l'aide d'un procédé rapide, dispensant de tout secours étranger, et par le moyen duquel un observateur pourvu de bons yeux peut

Détermination
des altitudes.

facilement niveler le chemin qu'il parcourt avec toute la précision que réclame la géologie. L'instrument adopté était un petit niveau d'eau portatif [1]. En le tenant à la hauteur de l'œil, toutes les fois que l'on parcourt un chemin en pente, on peut fixer le point de ce chemin où il convient de venir poser le pied pour s'élever de la quantité, constante pour un même observateur, qui représente la distance verticale de l'œil au talon. A mesure que l'on marche, il convient de faire le croquis du chemin parcouru, et de compter le nombre de pas, ou plutôt de doubles pas, d'une station à la suivante. Avec ce procédé, on ne peut niveler qu'à la montée; mais la descente se trouve convenablement utilisée pour les observations géologiques. Par ce moyen tout à fait élémentaire, et en moins d'une centaine de journées, on a pu déterminer les éléments nécessaires à la représentation des surfaces topographiques que figurent les planches II et III. Il faut dire qu'on avait à sa disposition, d'un bout à l'autre du Bray, d'excellentes bases d'opérations dans les lignes suivantes :

Lignes de base du
nivellement. 1° Route de Beauvais à Gournay et à Rouen, pourvue des repères du nivellement général de la France ;

2° Chemin de fer de Beauvais à Gournay ;

3° Chemin de fer de Gisors par Gournay à Neufchâtel et Dieppe ;

4° Ligne de Rouen à Amiens entre Formerie et Buchy ;

5° Ligne de Beauvais à Gisors par Auneuil ;

6° Ligne de Méru à Beauvais.

Outre les profils cotés des diverses lignes, l'auteur de ce mémoire a pu, grâce à l'obligeance du personnel de la Compagnie de l'Ouest, prendre connaissance des études détaillées de nivellement faites aux abords de Neufchâtel.

Par suite de la disposition de ces différentes lignes de base, les sec-

---

1. Ce niveau, construit par M. Alvergniat, se compose d'un tube de verre quatre fois recourbé, formant un rectangle d'environ $0^m,18$ sur $0^m,08$. Les deux plus courtes branches sont élargies en forme de bouteilles cylindriques et le tout contient de l'alcool coloré. L'appareil est maintenu dans une gaine légère à fermoir, en bois garni de peau, facile à mettre dans une poche de côté ou dans une gibecière. On le manœuvre sans le détacher de la gaine et en se contentant d'ouvrir cette dernière, dont on tient verticalement la face à laquelle les bouteilles sont fixées.

tions nivelées par le procédé rapide n'ont jamais dû être poussées à plus de
10 kilomètres d'un point dont l'altitude fût exactement connue. Dans ces
conditions, on peut dire que toutes les cotes ont été obtenues à 1 ou
2 mètres près, approximation bien suffisante pour le but qu'on avait en vue.

Le plongement rapide des couches sur le versant nord-est du bombement demanderait, pour être facilement représenté par des courbes, une
échelle supérieure au cent-millième. Les planches II et III, dressées à
l'échelle du trois-cent-vingt-millième, ne pouvaient donc pas en donner
l'idée : aussi les courbes ont-elles été généralement arrêtées à peu de distance de l'arête anticlinale, et l'allure du versant voisin de la dislocation
sera étudiée à part dans le chapitre suivant.

Si l'on compare les courbes de la planche II avec celles de la planche III, Examen détaillé
il est aisé de voir que toutes les circonstances qui définissent leur allure se du soulèvement.
reproduisent, sur l'une et sur l'autre, avec les mêmes caractères. Ainsi,
bien que, en raison de l'épaisseur croissante des étages dans la direction
du sud, il ait fallu, pour transformer les altitudes de l'argile bleue portlandienne en celles de la craie glauconieuse, ajouter 165 mètres auprès d'Ons-
en-Bray lorsque 115 suffisaient aux environs de Neufchâtel, tous les changements de direction ou d'écartement qui caractérisent les courbes de la
planche II se répètent, dans leurs traits généraux, sur la planche III. Nous
pouvons donc nous borner à l'examen de cette dernière, qui offre l'avantage de représenter, dans tout son ensemble et sans interruption, l'allure
du soulèvement.

Un premier fait se révèle tout d'abord aux yeux, c'est la division du Double division
Bray en deux parties distinctes ; l'une, de beaucoup la plus importante, du Bray.
s'étend de Neufchâtel à Ons-en-Bray. Elle offre une réelle homogénéité et
les courbes de niveau, assez régulièrement concentriques, dessinent comme
autant d'auréoles, de plus en plus arquées, autour du dôme rectiligne
allongé qui précède la dislocation terminale.

L'autre partie s'étend depuis le méridien de 0°50′ ouest, voisin d'Ons- Partie méridionale
en-Bray, jusqu'à Noailles, en formant une croupe très allongée, dont la infléchie.
direction fait avec celle du haut Bray un angle de quelques degrés. Ce

changement de direction est surtout manifeste dans le voisinage de la falaise crayeuse, où les couches subissent une inflexion marquée, concordant avec celle de la ligne de falaise, laquelle, après avoir suivi, près du Coudray-Saint-Germer, une direction voisine de l'est-ouest, se courbe brusquement, comme on sait, à Ons-en-Bray, pour se diriger au sud-est jusqu'à Noailles et même au delà.

Direction d'inflexion.

Il est à remarquer que cette brusque inflexion des courbes de niveau a lieu à peu près le long d'une ligne nord-sud qui vient traverser la dislocation terminale auprès de Glatigny, c'est-à-dire juste au point où cette dislocation, jusqu'alors si régulièrement orientée 130°, prend la direction 134°, qu'elle conservera sans altération jusqu'à la vallée de l'Oise à Précy. Or cette ligne nord-sud forme exactement la limite entre la partie rapidement déclive de la surface topographique, qui s'étend de la courbe 470 à la courbe 380, et la croupe allongée qui va de ce point à la courbe 100, près de Noailles.

Cause probable de la déviation.

D'autre part, l'inflexion qui vient d'être signalée dessine, dans la surface topographique du soulèvement, une véritable vallée, c'est-à-dire une ligne d'affaissement qui semble d'autant mieux accusée qu'on se rapproche davantage de l'axe du haut Bray. Il semble donc légitime d'en conclure qu'à l'époque où le soulèvement principal s'est produit, un accident antérieur de l'écorce du globe, existant dans la profondeur, mais masqué depuis par le dépôt des sédiments jurassiques et crétacés, a déterminé suivant cette direction nord-sud une zone de points faibles qui a limité l'effort principal du soulèvement. En même temps et par suite du même phénomène, la ligne de la dislocation terminale se trouvait déviée et rejetée de quelques degrés au sud.

De cette manière, toute la partie méridionale du Bray, depuis Ons et Glatigny jusqu'à Noailles, ne représente en quelque sorte que la *queue du* soulèvement. C'est le versant sud-est du dôme, démesurément allongé à la fois par l'effet de la déviation qu'il a subie le long de la ligne de moindre résistance orientée nord-sud et par l'influence de la dislocation terminale

qui, en opposant une barrière à son développement transversal, semble
l'avoir contraint à s'épanouir davantage vers le sud-est.

Ainsi que nous l'avons déjà dit, on voit nettement sur les planches II
et III que l'inflexion des courbes horizontales est d'autant plus accusée
qu'on se rapproche davantage du terrain jurassique. C'est aux environs de
Villembray que l'angle atteint son maximum. Nous y voyons un motif
sérieux de considérer cette inflexion comme due à l'influence d'un accident
antérieur ; car, en pareil cas, il est naturel que l'effet produit ait été d'autant
plus considérable que les couches étaient plus profondément situées, c'est-
à-dire plus voisines de l'ancienne dislocation supposée.

L'accident nord-sud qui vient d'être décrit a laissé sa trace dans l'orographie actuelle de la région. La vallée, profonde et bien marquée par la
dissymétrie de ses deux versants, qui va de la Chapelle-aux-Pots au delà
d'Hodenc-en-Bray vers Glatigny, en jalonne assez exactement la direction.

Il serait téméraire de vouloir préciser davantage la nature de l'accident
caché et hypothétique qui a déterminé la déviation des couches. Nous ne
pouvons cependant nous empêcher de faire observer que ce changement
d'allure coïncide à peu près exactement avec la disparition du faciès marin
dans l'étage portlandien supérieur. C'est, en effet, aux environs de Glatigny
que cet étage, jusque-là franchement marin, prend le caractère lacustre
ou terrestre, le seul qu'on observe dans les quelques affleurements qui
demeurent visibles à l'est de Villembray et de la Chapelle-aux-Pots. Ce ne
sera donc pas émettre une opinion trop hasardée que de rattacher la déviation du soulèvement du Bray à l'existence d'une ancienne ligne de rivage
qui définissait la limite orientale de la mer du portlandien supérieur.

Laissant de côté maintenant toute la pointe méridionale qui représente la partie déviée du soulèvement, occupons-nous de la portion principale, celle qui s'étend de Neufchâtel à Ons-en-Bray. Nous constatons
immédiatement qu'elle est elle-même susceptible d'une double division. Le
haut Bray se compose de deux parties distinctes, d'importance très inégale,
séparées par une dépression formant un col. La première est le haut Bray
proprement dit, s'étendant de Courcelles à Villembray. La craie glauco-

Rapports de la déviation avec la constitution géologique de la région.

Soulèvement principal. Son double dôme.

nieuse, si elle y avait été conservée, atteindrait sur le méplat culminant des altitudes comprises entre 450 et 485. A Courcelles, le méplat cesse et une pente de mieux en mieux ménagée abaisse la surface topographique de 450 à 350 jusqu'au col des Noyers, au sud de Gaillefontaine. Là commence le second dôme, allongé comme le premier et dans le même sens,

Allure des courbes au col des Noyers.

mais beaucoup plus restreint comme étendue et comme altitude, car il ne dépasse pas de beaucoup 370 mètres. Mais ce qu'il y a de plus remarquable, c'est l'écartement considérable et en même temps l'allure confuse que prennent les courbes horizontales suivant une ligne est-ouest passant par le col des Noyers. Ainsi, entre la courbe 320 et la courbe 330, l'écartement atteint 1,400 mètres, ce qui réduirait en ce point la pente de la surface à 0,7 pour 100.

Or il est impossible d'attribuer ces circonstances à des erreurs d'observation. En effet, cette région est précisément celle où les altitudes ont été le mieux déterminées, car c'est là que passe la ligne de Rouen à Amiens, dont toutes les tranchées, entre Forges et Gaillefontaine, ont mis à découvert le sommet de l'argile bleue portlandienne. Cette allure confuse des courbes, surtout marquée entre les altitudes 300 et 350, est donc bien conforme à la réalité des choses, et là encore, nous estimons qu'il y faut voir l'influence d'un accident antérieur qui a empêché le soulèvement du Bray de se développer en ce point avec toute sa puissance. Ici comme à Villembray, c'est encore sur les couches les plus profondes, celles du terrain jurassique, que cette influence s'est le mieux fait sentir, et l'on n'en retrouve déjà plus de traces appréciables au delà de Forges, c'est-à-dire dans la zone occupée par les sédiments crétacés.

La zone confuse coïncide avec un ancien rivage.

Il reste à voir si l'on ne retrouverait pas, dans l'étude géologique de cette zone à allure confuse, quelque chose qui puisse servir d'explication à l'irrégularité que le soulèvement y affecte. Or précisément, une ligne est-ouest passant par le col des Noyers limite la région au delà de laquelle on ne trouve plus un seul affleurement de glaise panachée et, quant aux sables verts inférieurs au gault, c'est à peine si, aux environs de Fontaine-en-Bray, on les voit dépasser cette même limite.

Ainsi la zone confuse coïncide avec un ancien rivage; jusque-là, depuis la pointe sud du Bray, les sables verts et la glaise panachée, épais ensemble de près de 50 mètres, se poursuivaient avec une régularité remarquable sur les deux lèvres du Bray; au delà de cette ligne, ils font absolument défaut et l'on voit le gault argileux reposer directement sur les grès ferrugineux et les terres à poterie du néocomien; un tel changement nous indique avec évidence qu'à l'époque crétacée, pendant le dépôt de la glaise panachée et celui des sables verts, le nord du Bray a dû subir une émersion au moins partielle. Rien d'étonnant, dès lors, à ce que la ligne de l'ancien rivage se soit comportée, lors du soulèvement, d'une manière différente du reste de la région.

On sait, d'ailleurs, que cette zone est justement jalonnée par la ligne de partage des eaux entre le versant de la Béthune et les versants tributaires de l'Oise et de la Seine. C'est donc essentiellement une ligne remarquable de la région, et il est curieux de voir qu'elle joue, au point de vue hydrographique, le rôle d'une protubérance, tandis qu'en réalité, elle correspond à une dépression dans la surface du soulèvement.

Mais cette remarque n'est pas la seule à laquelle doive donner lieu la double division que l'allure des courbes établit dans la partie principale du Bray. Si l'on fait passer, par le col des Noyers, une ligne nord-sud ou, plus exactement, un peu inclinée vers le sud-est, cette ligne est tangente à une série d'inflexions, aussi bien marquées sur la craie glauconieuse que sur les assises jurassiques, et à partir desquelles les courbes, en se dirigeant vers le sud-est, s'inclinent notablement vers le sud en même temps qu'elles se rapprochent les unes des autres d'une façon très sensible. Ainsi la courbe 250, qui, entre Gournay et Argueil, n'est éloignée de la courbe 130 que de 3 kilomètres, s'en écarte, auprès de Ménerval, de plus de 5 kilomètres. En ce point aussi, les courbes 300 et 350 sont extrêmement rapprochées. Enfin, aux environs de Saint-Michel-d'Halescourt, la direction des courbes, jusqu'au col des Noyers, est exactement nord-sud. Il y a donc, suivant cet alignement, une cause qui a déterminé à la fois une déviation et une compression dans la surface topographique, et c'est sans doute cette

Inflexion et resserrement des courbes au sud des Noyers.

17

cause qui, en combinant son action avec celle de l'ancien rivage est-ouest, a produit la dépression du col des Noyers.

Or, quand on examine l'épaisseur des étages jurassiques, on trouve qu'à Compainville, presque en face de Gaillefontaine, il y a 40 mètres seulement entre le calcaire lithographique kimméridien et la base du portlandien, et 40 mètres encore entre cette base et le sommet de l'argile bleue. Au contraire, à Saint-Michel-d'Halescourt, c'est-à-dire immédiatement après le col des Noyers, le kimméridien supérieur atteint déjà 50 mètres et le portlandien en compte 60 au lieu de 40, chiffre qu'il conservera sans changement jusqu'à la pointe sud du Bray. Le col des Noyers marque donc le passage d'une ligne au sud-est de laquelle le fond de la mer portlandienne s'abaissait en bloc, tandis qu'au nord il demeurait stable. Par suite, il est permis de penser que le soulèvement du Bray a dû affecter d'une manière différente les parties situées à droite et à gauche de cette ligne. Ainsi se seraient produites la déviation et la compression que nous avons signalées.

Depuis Saint-Michel-d'Halescourt jusqu'à Gournay, la vallée de l'Epte se maintient dans une coupure très sensiblement rectiligne, qui, par un petit affluent de l'Epte, se prolonge encore jusqu'auprès du col des Noyers. Cette coupure est parallèle à la moyenne direction des couches dans la zone comprimée. On peut donc la considérer comme une fracture parallèle à l'accident qui a déterminé cette compression.

En comparant sur la planche III, l'écartement des courbes consécutives, on ne peut manquer d'être frappé de ce fait que, dans la zone moyenne du soulèvement, entre la courbe 200 et la courbe 300, la distance des courbes horizontales est plus grande qu'auprès de la falaise ou sur le Haut-Bray. Cette circonstance ne tient pas à une évaluation inexacte de l'épaisseur des couches, car on la remarque encore lorsqu'on se contente de tracer les courbes des assises qui affleurent au jour dans cette zone moyenne. De plus, elle est générale et se vérifie aussi bien aux abords de Neufchâtel qu'auprès de Noailles.

Or ces assises appartiennent toutes au terrain crétacé inférieur et ne comprennent absolument que des sables et des argiles, sans aucune trace de couches, solides continues. Nous croyons donc qu'il faut voir, dans l'écartement des courbes, la preuve que ces sables et ces argiles ont obéi, plus docilement que les calcaires et les grès, à la compression latérale qui les poussait. Il en est résulté comme une dilatation de la zone médiane du soulèvement. Mais cette dilatation n'a pas dû se produire sur la craie glauconieuse et les couches crayeuses qui la surmontaient. Ce système solide s'est donc vraisemblablement ouvert, au-dessus de la zone médiane, par une série de fissures, comme aussi il a dû s'ouvrir, au-dessus du méplat culminant, par la rupture de la clef de voûte, et, au-dessus de la dislocation terminale, par l'effet de la faille ou du pli brusque. De telles fissures auront grandement facilité la tâche des agents d'érosion lorsque s'est produit le démantèlement qui n'a laissé subsister, dans le Bray, aucune altitude supérieure à 240 mètres.

D'après cela, il faut bien reconnaître que la planche III ne peut représenter qu'une surface *théorique;* car elle suppose que la craie glauconieuse s'est, à un certain moment, étendue uniformément sur tout le soulèvement du Bray. Or, si cette continuité existait lors du dépôt de la craie en couches horizontales, le soulèvement a dû la rompre par l'effet des glissements médians dont il vient d'être question.

Mais cette réserve n'enlève rien à la valeur de la figure topographique; si elle ne représente pas réellement la base de la craie glauconieuse, elle représente du moins avec fidélité le soulèvement du Bray, dont elle permet de définir toutes les irrégularités. Elle répond donc pleinement au but que nous avions en vue.

Il nous reste, pour terminer, à signaler la tendance à l'inflexion vers le nord-ouest que présentent les courbes aux abords de Neufchâtel. C'est exactement le pendant de ce qui se produit à la pointe sud-est. La dislocation terminale, aidée de la nature plus meuble des sédiments, semble avoir contraint ces derniers à s'étaler le long de l'obstacle qu'ils ne pouvaient dépasser. *Pointe septentrionale du Bray.*

Enfin nous insisterons encore sur ce fait assez remarquable que les *Vallées de fracture.*

coupures par lesquelles l'Andelle et l'Epte franchissent la falaise du Bray
ne se signalent par aucune inflexion dans les courbes de niveau; ce sont
donc des fractures simples, non accompagnées de dénivellation, et produites par des phénomènes postérieurs au soulèvement principal.

Résumé général. La conclusion générale qu'il nous paraît légitime de tirer de cette
étude est que tout le soulèvement du Bray se résume dans la dislocation
terminale qui limite si exactement la contrée du côté nord-est. Elle
seule se poursuit sans altération sensible dans sa direction, sur chacun des
deux tronçons qui la constituent, et dont les orientations respectives
ne diffèrent, d'ailleurs, que de 4°. C'est seulement dans son voisinage
immédiat que les courbes de niveau, jusque-là plus ou moins capricieuses
dans leur allure, affectent une direction et un écartement réguliers.
Elle constitue donc le trait dominant de la contrée, et par suite on peut
dire que le Bray n'est point, à proprement parler, un dôme soulevé, mais
que sa structure est due, avant toute autre chose, à la production d'une
dislocation rectiligne, faille ou pli brusque, véritable ligne de rupture
autour de laquelle sont venus se grouper une foule d'effets secondaires.
Le Bray représente le bord élevé de cette ligne de rupture, dont la Picardie
constitue le bord abaissé. La lèvre soulevée a été portée à des hauteurs
inégales, suivant la facilité avec laquelle les couches ont obéi à l'impulsion
latérale qui les poussait; de là, dans le versant sud-ouest de cette lèvre,
cette diversité d'allures que nous avons signalée et dont la cause ne peut
être cherchée que dans l'existence d'accidents antérieurs, dépressions ou
saillies, qui altéraient, dans la profondeur, l'homogénéité de la région
soulevée.

§ 34.

ÉTUDE DÉTAILLÉE DE LA DISLOCATION TERMINALE DU BRAY.
PROFIL DE LA DISLOCATION.

D'après ce qui vient d'être dit, la dislocation terminale du Bray est, de *Importance de cette étude.* beaucoup, l'accident principal du soulèvement, celui autour duquel tout le reste vient se coordonner. Il importe donc de définir avec précision les caractères de cette dislocation. Déjà les coupes étudiées dans le para- graphe 32 nous ont appris à y reconnaître un brusque changement d'allure des couches, obligées de subir, dans leur profil, une inflexion en forme de Z, susceptible de se traduire, suivant les cas, par un pli ou par une faille. Il reste à savoir quelle est celle de ces deux solutions qui paraît avoir le plus souvent prévalu.

Ce n'est pas que la question ait, au point de vue théorique, une grande importance ; une faille est toujours la limite d'un pli brusque ; là où elle existe, il est rare que la cassure soit franche, surtout quand elle affecte des roches d'une faible dureté. On observe donc généralement, entre les deux lèvres, un paquet irrégulier de couches inclinées et disloquées, dont l'allure est la même que s'il n'y avait qu'un plissement continu. De plus, il faut toujours qu'à ses deux extrémités une faille finisse par se réduire, soit à une fracture sans dénivellation qui bientôt s'atrophie en direction, soit à un pli dont l'intensité va en décroissant jusqu'en un point où tout dérangement cesse d'être sensible. Enfin, quand la fracture et la dénivel- lation se produisent ensemble, cela peut tenir, soit à l'intensité particulière de l'effort latéral oblique qui donnait naissance au plissement, soit à la faible plasticité des couches sur lesquelles cet effort s'exerçait. Ainsi tel accident qui, sur les sables et les argiles du terrain crétacé inférieur, ne donnait qu'un pli brusque, pourra se traduire par une faille sur les assises solides de la craie. Il arrivera même parfois qu'on observera, sur le parcours à peu près vertical d'un même accident, des couches résistantes rompues avec rejet et des sédiments plastiques simplement plissés et étirés. Or, dans l'un comme dans l'autre cas, l'accident est le même dans son essence.

D'après cela, il semble qu'il doive nous suffire d'avoir établi que la dislocation terminale du Bray tire son origine d'un plissement brusque ; que ce plissement s'est exercé suivant une ligne un peu brisée, composée de deux tronçons exactement rectilignes, dont l'un est orienté 130° et l'autre 134° ; enfin, qu'il a pris naissance sous l'influence d'une compression latérale oblique, formant une sorte de couple dont la composante du sud-ouest au nord-est était ascendante, tandis que la composante opposée était plongeante ou horizontale. Néanmoins, pour conserver à cette étude stratigraphique le caractère de précision que nous avons cherché à lui imprimer jusqu'ici, nous croyons devoir analyser l'accident qui nous occupe, d'un bout à l'autre de son parcours, à l'aide d'un certain nombre de coupes convenablement choisies.

Méthode d'examen. Une faille peut être observée directement ; c'est le cas le moins fréquent, parce que cela suppose que le sous-sol est à découvert juste au point où passe l'accident. Mais elle peut aussi se conclure d'une coupe bien faite, où les observations ont été fidèlement rapportées, lorsque le plongement connu et les épaisseurs également connues des couches sont tels, qu'il est impossible de les figurer toutes à la fois dans l'espace embrassé par la section. Dans ce cas, il y a une condition indispensable à remplir, c'est que la coupe soit dressée avec la même échelle pour les hauteurs et pour les longueurs. Nous nous conformerons rigoureusement à cette règle. Le tracé des coupes nous sera d'ailleurs facile, nos travaux de nivellement ayant porté sur le versant nord-est du soulèvement aussi bien que sur le versant sud-ouest, de telle sorte qu'il eût été possible d'en figurer les courbes horizontales, si le rapide plongement des couches n'eût exigé une échelle bien supérieure à celle des planches II et III.

Coupe de la butte du Mesnil. Nous étudierons tout d'abord une coupe menée transversalement à la direction du soulèvement par le lieu dit le Mesnil, situé à l'entrée de

Neufchâtel, sur le chemin venant de Neuville-Ferrières et aboutissant au pied du Mont-Ricard, près de la ferme Saint-Jean. (Fig. 13.)

Fig. 13.

Coupe de la butte du Mesnil, près Neufchâtel.

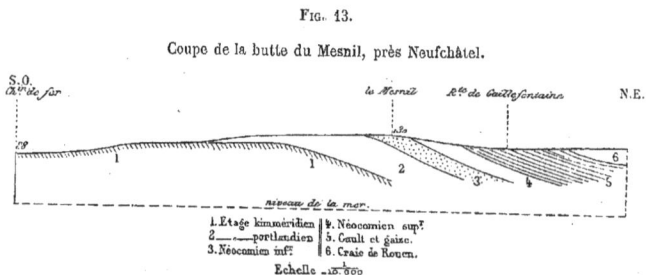

1. Étage kimméridien 4. Néocomien sup.
2. — portlandien 5. Gault et gaize.
3. Néocomien inf. 6. Craie de Rouen.

Echelle _1/15.000_

Le chemin de fer, par lequel passe une des extrémités de la coupe, est sur l'étage kimméridien supérieur. La route de Neufchâtel à Forges, qui forme l'autre extrémité, est située au contact du gault et des argiles de la gaize. Dans l'intervalle, un trou pratiqué dans une cour de ferme pour l'extraction du sable a permis de constater avec précision le passage des sables blancs du néocomien inférieur. Une autre extraction, visible il y a quelques années à l'entrée de Neufchâtel sur la route de Sainte-Geneviève, laissait voir le portlandien inférieur en couches presque horizontales. La coupe dressée à l'aide de ces divers éléments montre que les couches ont, d'un bout à l'autre, l'espace qu'il leur faut pour se développer sans affecter des plongements excessifs. La dislocation, à Neufchâtel, paraît donc n'avoir d'autre caractère que celui d'un pli où l'inclinaison des assises n'est un peu accentuée que sur un parcours d'environ 400 mètres.

Il en est de même à 3 kilomètres 1/2 plus loin, sur la route de Forges, au point où cette route se détache de celle qui se dirige sur Gaillefontaine. Vers 1867, cette bifurcation, jointe au chemin qui venait d'être ouvert de là vers Graval, offrait une excellente coupe où, depuis la craie de Rouen jusqu'aux sables blancs néocomiens, les assises se montraient à découvert, avec leurs inclinaisons respectives, dans deux tran-

Coupe de la butte de Nesle.

chées fraîchement entaillées. Sur le chemin de Graval, le contact de la
craie de Rouen et de la glauconie meuble était incliné de 5° vers le
nord-est, tandis que la base de cette glauconie, superposée aux argiles de
la gaize, avait déjà un plongement de 10°. Au delà de la grande route,
dans la tranchée de la butte, on voyait le contact du gault avec le système
néocomien supérieur, en bancs régulièrement inclinés de 25 à 30 degrés.
Au delà de cette tranchée, d'anciennes excavations indiquaient le passage
des sables blancs. Enfin, au tournant vers Saint-Saire, la route de Forges
entamait les calcaires noduleux du kimméridien supérieur. Ces circonstances sont résumées dans la figure 14.

FIG. 14.

Coupe de la butte de Nesle-Hodeng.

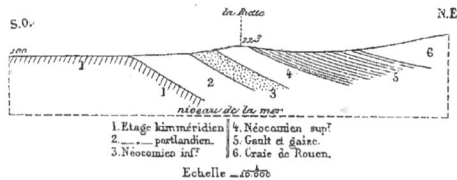

1. Étage kimméridien
2. ——— portlandien.
3. Néocomien inf.?
4. Néocomien sup.?
5. Gault et gaize.
6. Craie de Rouen.

Echelle —

Là encore, les diverses couches s'intercalent sans difficulté, avec
leurs épaisseurs, à la place marquée par les affleurements. Le plongement
le plus brusque paraît être celui qui affecte le sommet de l'étage kimméridien; ce dernier, en effet, plonge au sud-ouest jusqu'à son contact avec
le portlandien; à partir de là, il s'incline en sens contraire et doit s'enfoncer
très rapidement au début pour laisser la place des autres assises. Ainsi
l'allure est, dans son ensemble, la même qu'au Mesnil, mais elle commence
à s'accentuer davantage.

Coupe de Bellaunay.   Avançons encore de 1,600 mètres sur la route de Gaillefontaine,
jusqu'au lieu dit Bellaunay, et prenons, à partir de ce point, un chemin
creux montant qui nous conduit à la ferme de Bethléem. Pendant plus de
200 mètres, nous cheminerons sur la craie de Rouen à silex gris, presque

horizontale; tout à coup, sans que la glauconie se soit montrée, nous nous trouverons sur des argiles, auxquelles succédera bientôt le néocomien typique, et le portlandien supérieur apparaîtra, sur la crête même du coteau, avec une inclinaison à peine sensible, tandis que les grès ferrugineux crétacés plongeaient de 30 degrés. Pour représenter cette combinaison d'allures par un pli continu, il faudrait donner aux assises un plongement supérieur à tous ceux qu'on observe dans le chemin creux. D'ailleurs, puisque la glauconie, ordinairement si facile à voir, ne s'est pas montrée, et que la craie de Rouen, jusqu'à sa dernière apparition, dans une marnière à ciel ouvert, reste à peu près horizontale, il semble légitime d'en conclure qu'une faille, n'ayant produit qu'une faible dénivellation, remplace déjà, en ce point, le pli brusque de la butte de Nesle. C'est ce qu'exprime la figure 15.

Fig. 15.

Coupe de Bellaunay à Bethléem.

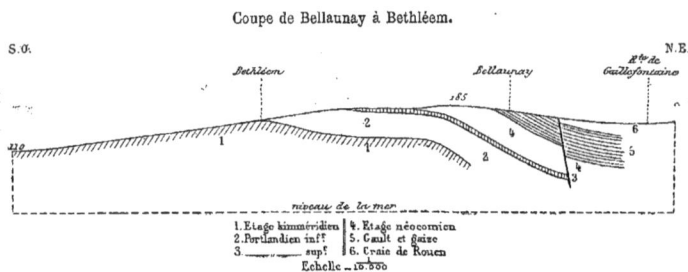

1. Etage kimméridien.
2. Portlandien inf!
3. —————— sup!
4. Etage néocomien.
5. Gault et glaize.
6. Craie de Rouen.
Echelle = ¹⁄₁₀.₀₀₀

Ainsi la dislocation s'accentue à mesure qu'on se dirige vers le sud-est; elle a débuté, à la sortie de Neufchâtel, par un pli aux inclinaisons modérées; puis, ce pli est devenu brusque; enfin, le voilà transformé en une faille.

Il convient maintenant de nous transporter au delà de Gaillefontaine, à 1,500 mètres de l'église vers le sud, au point où la route de Gournay se sépare de celle de Songeons. En ce point débouche une ancienne voie

Voie romaine de Gaillefontaine.

romaine, aujourd'hui réduite à un chemin creux très étroit. A 150 pas de la route de Songeons, en se dirigeant vers la falaise crayeuse, ce chemin montre la craie de Rouen à silex gris, en couches disloquées et inclinées, venant s'appuyer, par l'intermédiaire de la glauconie, contre les argiles et les grès ferrugineux géodiques du néocomien supérieur. Au contact s'observe une zone brouillée, d'une épaisseur insignifiante, où les couches d'argile semblent prendre une allure verticale. Ici la faille est évidente. De plus, on peut constater qu'en cet endroit elle est dirigée à peu près de l'est à l'ouest.

En supposant que ce point fasse encore partie de la zone où il n'existe ni sable vert ni glaise panachée (auquel cas il serait situé exactement sur la limite méridionale de cette zone), il manquerait, entre la glauconie et le néocomien supérieur, au moins 50 mètres de gault et de gaize. Telle serait donc l'amplitude du rejet. La coupe, en ce point, doit être établie de la manière suivante. (Fig. 16.)

FIG. 16.

Coupe de la voie romaine de Gaillefontaine.

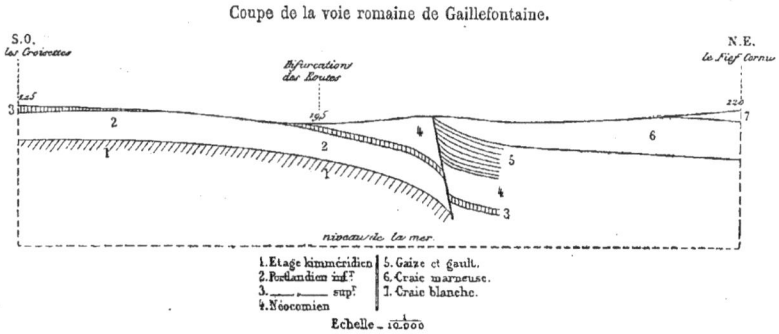

1. Étage kimméridien
2. Portlandien inf.
3. —   —   sup.
4. Néocomien
5. Gaize et gault.
6. Craie marneuse.
7. Craie blanche.

Echelle _ 1/10.000

Environs des Noyers. Les environs de Gaillefontaine et spécialement les abords du village des Noyers portent les traces du violent effort de compression auquel les couches ont été soumises. En 1867, la tranchée dite des Noyers, entre les stations de Gaillefontaine et de Formerie, donnait une fort belle coupe du versant nord-est du plissement. On y voyait, à l'extrémité ouest, le grès calcaire du portlandien inférieur, déjà incliné vers le nord-est, tandis que, à peu de distance à l'ouest, on le retrouve sensiblement horizontal; au-dessus de ce grès, les argiles du portlandien moyen et les grès ferrugineux du portlandien supérieur n'étaient qu'incomplètement représentés, comme si une faille très oblique, à rejet minime, les avait fait glisser vers le sud-est. Les sables blancs du néocomien apparaissaient ensuite, d'abord en couches horizontales, puis fortement inclinés, et ils étaient recouverts par la série complète des argiles et des grès ferrugineux du néocomien supérieur, affectés d'un plongement régulier de 28° au nord-est. Ce plongement peut encore se mesurer sur les bancs de grès ferrugineux qui continuent à faire saillie au-dessus du revêtement de gazon. Enfin, ce système était recouvert par la glaise panachée et le sable vert, avec des indices très nets d'un bouleversement qui, en certains points, avait replié la glaise par-dessus le sable.

Tout à fait au voisinage de cette tranchée, un chemin, ouvert en 1875 entre les Noyers et la station de Gaillefontaine, a permis de relever la coupe représentée dans la figure 17.

Fig. 17.

Coupe du chemin des Noyers à la station de Gaillefontaine.

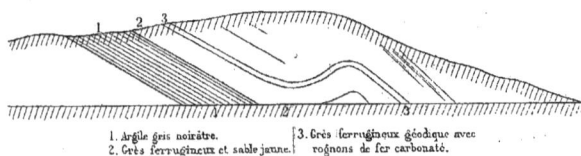

1. Argile gris noirâtre.
2. Grès ferrugineux et sable jaune.
3. Grès ferrugineux géodique avec rognons de fer carbonaté.

Les assises atteintes par cette coupe appartiennent à l'étage néocomien supérieur. Une couche de grès ferrugineux géodique, où l'on observe des noyaux de fer carbonaté avec du sable jaune au centre, est relevée en forme de dôme, sur une hauteur d'un mètre, par une très brusque inflexion, après avoir gardé jusque-là un plongement de 30°. Rien ne prouve mieux l'existence d'une ligne de dislocation, contre laquelle les assises ont été pressées avec des intensités inégales suivant leur plasticité et, sans doute aussi, suivant l'influence exercée par les accidents plus anciens, situés dans la profondeur.

Parcours de Gaillefontaine à Glatigny.

Ayant ainsi défini l'allure générale de la dislocation qui nous occupe, il nous paraît superflu de la suivre désormais à des intervalles aussi rapprochés. Il convient néanmoins de signaler à quel point les couches sont pressées les unes contre les autres, depuis le portlandien jusqu'à la craie, dans toute la portion de la dislocation qui s'étend de Sully-sur-Thérain, par Gerberoy, à Hanvoile et Glatigny. Déjà nous avons fait connaître l'accident qui, au pied de la côte de Gerberoy, fait arriver la glauconie, dans un brouillage vertical, plus haut que la craie de Rouen du ruisseau de Tahier. Sur tout le chemin de Wambez à Hanvoile, on marche, pour ainsi dire, sur la faille, parfois réduite à un rejet de faible amplitude, mais sans qu'il y ait la place nécessaire pour que la série des couches puisse s'y développer tout entière avec le plongement qu'on observe dans son voisinage.

Coupe du bois de Crène.

La faille paraît encore très nette, sur la route de Glatigny à Beauvais, au pied du bois de Crène. La lisière sud-ouest de ce bois coïncide avec l'affleurement des sables du portlandien supérieur. La masse du bois est située sur l'étage néocomien et la glaise panachée n'affleure qu'à mi-côte, sur le versant nord-est, où elle est exploitée sans que son plongement ni celui des grès ferrugineux qu'elle recouvre dépasse nulle part 20°. On observe, par-dessus cette glaise, le sable vert, qui arrive à peu près jusqu'à la route et, de l'autre côté de cette dernière, à moins de 100 mètres, un four à chaux exploite la craie blanche à *Micraster cortestudinarium*. En traduisant ces diverses circonstances sur une coupe à l'échelle, on obtient la figure 18, qui indique la probabilité d'une faille située à peu près sur la route.

Quant à l'amplitude du rejet, il est impossible de l'apprécier ; si, en ce point, les couches qui ne sont pas visibles devenaient absolument verticales, le rejet pourrait être nul et la faille aussi voisine que possible d'un simple pli. Mais la dislocation brusque n'en serait pas moins nettement accusée et son action resterait localisée au point même où passe la route de Beauvais.

FIG. 18.

Coupe du bois de Crène.

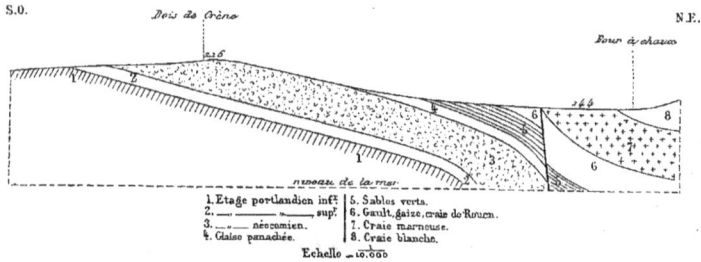

S.O.   N.E.

1. Étage portlandien inf[r].   5. Sables verts.
2. ———————— sup[r].   6. Gault, gaize, craie de Rouen.
3. ——————— néocomien.   7. Craie marneuse.
4. Glaise panachée.   8. Craie blanche.

Échelle $\frac{1}{40.000}$

La dislocation affecte encore une allure très tranchée entre l'Héraule et Saint-Germain-la-Poterie. Le sillon dans lequel passe la route n'offre, pour le développement des couches comprises entre la glaise panachée et la craie marneuse, qu'une largeur souvent inférieure à 200 mètres, ce qui exige, pour un pli sans faille, un plongement supérieur à 30°. Mais cette largeur va constamment en croissant vers le sud et, à la côte de Saint-Martin-le-Nœud, ainsi que l'a indiqué M. Hébert[1], on n'éprouve, en faisant une coupe à l'échelle, aucun embarras pour installer, avec leurs épaisseurs connues, des couches dont le plongement, facile à observer en plusieurs points, dépasse 15°. Ainsi la dislocation terminale du Bray semble perdre de son intensité vers le sud-est, comme elle le faisait au nord-ouest, entre Bellaunay et Neufchâtel.

Néanmoins cet accident reste encore bien sensible entre Frocourt et le hameau de Tillard, notamment aux abords de Saint-Sulpice, où la craie noduleuse, à *Micraster cortestudinarium*, en couches faiblement relevées vers le Bray, descend jusqu'à l'altitude 95, à moins de 600 mètres de distance

Parcours méridional de la dislocation.

1. *Bulletin de la Société géologique de France*, 3ᵉ série, III, p. 513.

horizontale d'un point où le contact du gault et des sables verts a lieu à l'altitude 110.

A Hodenc-l'Évêque, la craie glauconieuse forme le tertre de l'église, où elle atteint son point culminant à 152 mètres d'altitude. De ce point, en se dirigeant au nord-ouest vers Ponchon, on s'abaisse tout au plus de 12 mètres pour un parcours horizontal de 700 mètres, après quoi on se trouve en pleine craie blanche. Il semble donc qu'on ait dû passer sur une faille. Mais l'étude de la craie glauconieuse aux abords d'Hodenc montre que ses couches, à partir de l'église, commencent à plonger vers le nord-est avec une pente de 5 à 6 pour 100. En outre, on observe, entre Hodenc et Abbecourt, des carrières où le plongement de la craie blanche est compris entre 20 et 30°. Là encore, il n'y a donc qu'une exagération momentanée du plongement, sans faille sensible, et la coupe doit être établie conformément à la figure 19.

Fig. 19.

Coupe d'Hodenc-l'Évêque.

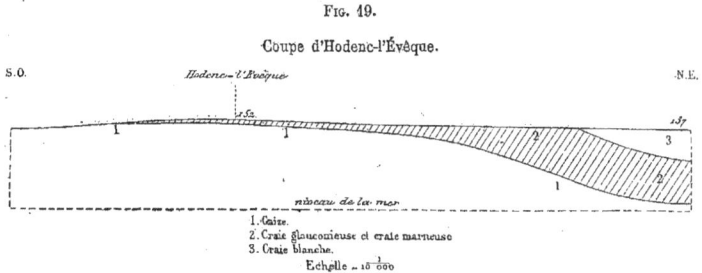

1. Gaize.
2. Craie glauconieuse et craie marneuse.
3. Craie blanche.
Echelle = $\frac{1}{10\,000}$

Enfin on peut encore faire une observation intéressante au point où l'ancienne voie romaine de Saint-Sulpice à Sainte-Geneviève franchit le contrefort qui limite le Bray au sud-est. Ce contrefort, détaché du cap de la falaise qui domine Silly et que couronne le bois de la Garenne, s'avance sous la forme d'une barrière rectiligne des mieux marquées, s'abaissant d'abord brusquement de la Garenne à la voie romaine, puis en pente douce de ce point à Noailles. Son intersection avec la voie romaine coïncide avec le croisement de plusieurs chemins, parmi lesquels figure celui de Boncourt à Silly; de plus, elle est entamée par une marnière où l'on voit les couches de la craie blanche à silex rosés et à *Micraster breviporus*, non seulement inclinées au nord-est sous un angle notable, mais bouleversées par une foule de petites cassures secondaires qui leur donnent une sorte de disposition en escalier. Or ce point est exactement situé sur le prolongement de la ligne de dislocation de Frocourt à Abbecourt et à Tillard. C'est là que s'est concentré tout l'effort principal du plissement, et l'on voit qu'il suffit que cet effort ait porté sur des couches plus consistantes que des sables et des argiles pour que l'allure des couches s'y soit rapprochée de celle d'une faille.

En résumé, à travers ces différences de détail qui le ramènent, tantôt à la condition de simple pli, tantôt à celle de faille, l'accident terminal du Bray conserve une remarquable homogénéité. C'est une ligne de dislocation, le long de laquelle toute la région normande a été portée à une hauteur notable au-dessus de la région picarde ; et si l'on pouvait restituer à la première les couches que l'érosion a fait disparaître au-dessus de l'axe anticlinal du plissement, on la verrait dominer la seconde de toute la hauteur d'une falaise remarquablement rectiligne et haute en son milieu de plus de 300 mètres.

Un fait digne d'être noté, c'est que la gaize solide n'est visible en aucun point de la dislocation du Bray ; du moins il ne nous a jamais été donné de l'observer. Dans tous les points où la glauconie se montre au jour, elle paraît être en contact direct avec des marnes argileuses. Cette circonstance ne doit pas tenir à l'absence des couches solides de la gaize dans la région qui constitue le revers nord-est du ridement. Il est beaucoup plus probable que, le maximum d'effort s'étant toujours fait sentir dans le voisinage de la surface de contact de la gaize et des formations sous-jacentes, la première, moins flexible, est restée dans la profondeur, tandis que les assises meubles qui l'entourent se laissaient plus aisément laminer.

Absence de la gaize solide le long de la dislocation.

§ 35.

DIRECTIONS DES DIVERS ÉLÉMENTS DE LA DISLOCATION.

Dans tout ce qui précède, nous ne nous sommes occupé que du profil en travers de la dislocation terminale. Il convient maintenant de dire quelques mots de son allure en direction. Cette allure est assez difficile à préciser, parce qu'il s'agit, non d'une faille de premier ordre, susceptible d'être aisément suivie et tracée sur une carte, mais d'un accident de quelque largeur, où la zone du maximum de rupture ou de plissement n'est pas toujours accessible à l'observation directe. Néanmoins, l'amplitude de la partie où cette zone se trouve comprise n'est pas telle qu'on puisse être exposé à commettre des erreurs bien graves dans l'appréciation de sa direction.

Division de la dislocation en tronçons.

Depuis Bures, où disparaît la craie glauconieuse, jusqu'à Héricourt-Saint-Samson, sur environ 36 kilomètres, la dislocation conserve une direction moyenne bien constante, orientée 130°. D'Héricourt à Buicourt elle subit, pendant 6 kilomètres, une déviation bien accusée par la falaise crayeuse d'Escames, suivant l'orientation 134°. Ensuite elle reprend, pendant 6 autres kilomètres, son orientation primitive entre Buicourt et Hanvoile. A partir de ce point et jusqu'à la vallée de l'Oise, à Précy, c'est-à-dire sur 48 kilomètres, elle demeure remarquablement rectiligne et orientée 134°.

Accidents secondaires du tronçon méridional.

Dans toute cette dernière partie, ce n'est pas seulement la direction moyenne de l'accident qui demeure constante. Cette constance se reproduit jusque dans le détail. Il n'y a de déviation un peu sensible qu'entre Saint-Martin-le-Nœud et Goincourt, où les affleurements paraissent avoir subi un rejet horizontal correspondant exactement à l'ouverture de la vallée de l'Avelon. Ainsi cette fracture à travers laquelle l'Avelon s'échappe du Bray

pour aller rejoindre le Thérain à Beauvais, n'est pas un simple accident
d'érosion. Le travail des eaux a été préparé par une faille ou un pli brusque,
par suite duquel les affleurements du gault et des sables verts, par exemple,
paraissent avoir subi, en passant de la rive gauche à la rive droite de
l'Avelon, un rejet de 200 à 300 mètres vers le sud. Du reste, ce rejet
a fait sentir son action jusque sur les sables blancs néocomiens, qui,
sous le bois de Belloy, dessinent une croupe parallèle à l'alignement que
leurs horizontales affectent aux environs de Saint-Paul, mais notablement
rejetée au sud. La planche III indique, par la déviation imprimée à la
courbe 230, le changement d'allure qui en résulte.

Une autre déviation, moins importante et non accompagnée d'une
ouverture de vallée, est celle qui, au pied du Mont-Saint-Adrien, fait
prendre au gault, pendant 800 mètres, une direction 115°. Enfin, au pied
du bois de Crène, il paraît y avoir un élément orienté 125° sur plus de
2 kilomètres.

Des écarts de part et d'autre de la direction moyenne s'observent également entre Héricourt et Neufchâtel. Ainsi d'Héricourt aux Noyers, la
ligne du maximum d'effort est orientée 125°. Des Noyers à Beaussault, elle
est très nettement alignée suivant 134°, tandis que de Beaussault à Neufchâtel la direction qui prédomine est plutôt 125°. Mais, en outre, les affleurements des couches offrent, dans cette dernière portion, des rejets assez
sensibles, qui divisent le parcours de Beaussault à Neufchâtel en trois
portions bien distinctes.

La première est comprise entre la vallée de la Béthune et le ravin qui,
descendant de la ferme de Bival, au-dessous du plateau de Sausseuzemare,
vient aboutir à la Béthune un peu en aval d'Hodenc. Le portlandien n'y
atteint pas la crête du coteau, et court en ligne droite depuis les Parquets
jusqu'au ravin. Là, il est rejeté de près de 600 mètres au sud-ouest
et court parallèlement à la direction moyenne de la Béthune jusqu'à la
Butte de Nesle, où un nouveau rejet, bien sensible sur l'affleurement du
portlandien supérieur et orienté suivant le ravin de Bouelle, ramène les
couches en arrière cette fois, c'est-à-dire au nord-est, de 300 mètres

Tronçon septentrional.
Sa division en seg-
ments par des rejet
brusques.

19

environ. Là commence la troisième portion qui va jusqu'au Mesnil, à l'entrée de Neufchâtel.

La direction suivant laquelle ces rejets ont lieu est très voisine de 60°. Il est à remarquer que cette direction a laissé, sur les plateaux environnants, une empreinte des plus nettes; c'est elle, notamment, qui détermine l'alignement de toutes les petites vallées qu'on voit déboucher dans la Bresle auprès d'Aumale.

Résumé.   En résumé, si l'on fait abstraction de tous ces accidents secondaires, on voit que la dislocation terminale du Bray se compose bien, comme la falaise du nord-est, dont elle suit constamment le pied, de deux grands alignements, l'un orienté 130° de Neufchâtel à Glatigny, l'autre orienté 134° de Glatigny à la limite du Bray et même au delà jusqu'à la vallée de l'Oise. Seulement, tandis que le second alignement est remarquablement homogène, le premier, étudié dans le détail, laisse entrevoir l'existence simultanée de deux directions dont il ne formerait que la moyenne, et dont l'une est précisément 134°, tandis que l'autre est 125°. La dislocation terminale du Bray peut donc être considérée comme un accident en échelons, où la combinaison de deux alignements, faisant entre eux un angle de 9°, non seulement produit la ligne brisée de la falaise du nord-est, mais aussi détermine la direction moyenne du grand axe de la contrée, laquelle, entre Saint-Vaast et Tillard, est exactement 130°.

§ 36.

ÉTUDE SYSTÉMATIQUE DES PRINCIPALES DIRECTIONS OROGRAPHIQUES ET HYDROGRAPHIQUES DU PAYS DE BRAY.

L'accident qui a donné naissance au pays du Bray est à la fois si net et si simple qu'on doit s'attendre à trouver son empreinte profondément gravée sur les principaux traits orographiques et hydrographiques de la contrée. C'est en effet ce qui a lieu, et la planche IV est destinée à montrer comment tous ces traits se coordonnent autour d'un petit nombre de directions, étroitement liées à celles que nous avons eu l'occasion de distinguer en traitant de l'allure du soulèvement.

Rien n'est plus net que la direction de la rivière de la Béthune. L'orientation 130°, qui est celle de l'axe géographique du Bray entre Saint-Vaast et Tillard, s'y retrouve à deux reprises depuis sa source jusqu'à Saint-Saire; à partir de là jusqu'à Dieppe, cette orientation se maintient d'une manière exclusive sur plus de 40 kilomètres. On la retrouve aussi dans la vallée du Thérain, d'abord de la source de cette rivière à Escames, puis de Songeons à Vrocourt, de Milly à l'entrée de Beauvais, enfin de Therdonne à Mouy (ces trois dernières sections étant situées en dehors du Bray).

C'est elle encore qui définit le parcours de la rivière d'Epte depuis Forges jusqu'à Haussez, l'alignement droit de la Morette en face de Dampierre, et celui de l'affluent que l'Epte reçoit immédiatement avant d'entrer à Gournay.

Il convient ensuite de mentionner l'orientation 156°, qui est celle de l'Epte depuis Haussez jusqu'à Gournay, et qui même se prolonge, par un affluent, jusqu'au pied de Saint-Michel d'Halescourt, c'est-à-dire jusqu'à la crête du Haut-Bray. Cette orientation se retrouve dans la rivière de Beaubec jusqu'à Saint-Saire, dans la Morette en avant d'Argueil, dans l'Avelon aux environs de Senantes, comme aussi, en dehors du Bray, dans la Bresle après Aumale.

Enfin l'orientation 38° à 40°, qui est celle de l'Oise aux environs de Creil, se retrouve très fréquemment, quoique sur de moindres longueurs, dans les rivières du Bray. On l'observe dans les trois affluents de la Béthune entre Neufchâtel et Saint-Saire, dans la direction moyenne de l'Andelle à sa sortie du Bray, dans celle de la Morette en aval de Dampierre, dans la coupure de l'Epte à Neufmarché, dans les affluents de droite du Thérain depuis Songeons jusqu'à Noailles, enfin dans la direction moyenne de l'Avelon lorsqu'il franchit la falaise du Bray en amont de Beauvais.

Quant aux directions orographiques, la crête du Haut-Bray se compose de deux alignements orientés 130°, se raccordant par un élément dirigé 156°.

Directions hydrographiques.

Directions orographiques.

La falaise de Canny à Beaussault est aussi orientée 130°; et en ce dernier point elle éprouve un rejet qui coïncide exactement avec le prolongement de la grande coupure rectiligne de l'Epte, dirigé 156°; de Beaussault à Bures, la falaise a sa crête orientée 125°, c'est-à-dire ne faisant qu'un angle de 5° avec la direction moyenne du Bray. On sait que l'orientation 130° se remarque encore dans la falaise, ou plutôt la ligne de hauteurs isolées qui domine la dislocation d'Escames à Glatigny. Cette même orientation est celle de la falaise du sud-ouest entre Neufmarché et Argueil.

La direction 134°, que l'hydrographie ne nous avait pas encore révélée, est celle de la falaise du nord-est entre Précy et Glatigny comme entre Escames et Canny. En revanche, la falaise d'Argueil à Saint-Vaast affecte une direction moyenne très constante de 156°, c'est-à-dire parallèle à de nombreux accidents hydrographiques, ainsi qu'au rejet de la crête du Haut-Bray et à celui de la falaise de Beaussault.

Il est remarquable qu'en prolongeant l'alignement de la falaise d'Argueil à Saint-Vaast jusqu'à sa rencontre avec la ligne 134°, de Précy à Glatigny, prolongée elle-même, on vient rencontrer la côte normande à Berneval, c'est-à-dire juste en un point où un pli anticlinal de la craie a été depuis longtemps signalé par M. Hébert.

Il nous reste à examiner quelle a été sur l'orographie l'influence de la direction 38° à 40°. C'est elle qui détermine la crête du mont Sauveur à Mézangueville, près Argueil; mais surtout elle se révèle dans le contrefort si bien marqué qui vient fermer le Bray au sud-est près de Tillard et de Noailles. On en retrouve encore des traces assez nettes dans plusieurs des promontoires qui accidentent la falaise entre le Coudray et Sainte-Geneviève.

Résumé.　　En résumé, il y a une très remarquable concordance entre les directions des accidents orographiques et celles des accidents hydrographiques dans le Bray. Elles se réduisent à un petit nombre d'orientations privilégiées, dont l'étude géologique de la contrée nous avait révélé l'importance, savoir :

130° : direction moyenne du Bray et direction de l'axe anticlinal.

134° : orientation de la partie méridionale de la dislocation.

156° : orientation moyenne de l'accident qui dévie les horizontales des couches dans la direction du col des Noyers.

38° à 40° ; direction des courbes dans les deux parties du versant sud-est, où elles sont le plus resserrées, c'est-à-dire, d'une part aux abords de Villembray, et, d'autre part, auprès de Tillard.

Pour terminer, nous signalerons la curieuse symétrie que présentent les deux pointes extrêmes du pays de Bray. De même que, entre Sainte-Geneviève et Ully-Saint-Georges, la falaise se recourbe brusquement pour faire avec la dislocation terminale un angle très aigu, de même, à Bures, elle prend tout d'un coup une direction ne faisant plus avec celle de la Béthune qu'un angle de 1 ou 2°.

§ 37.

DÉTERMINATION DE L'AGE DU SOULÈVEMENT DU PAYS DE BRAY.

C'est toujours un problème fort difficile que celui qui consiste à déterminer avec précision l'époque à laquelle il convient de rapporter l'un quelconque des accidents de la surface terrestre. On sait aujourd'hui que les rides de l'écorce du globe n'ont pas surgi en une seule fois et que chacune d'elles représente, en général, le produit d'une suite de mouvements d'inégale amplitude, qui se sont répétés à plusieurs reprises et parfois suivant des directions différentes. Savoir démêler, à travers la confusion du résultat final, la part de chacun des éléments qui ont concouru à sa production, est une tâche qui, le plus souvent, dépasse les ressources actuelles de la géologie. C'est à peine si l'on peut toujours se flatter d'arriver à connaître la date du dernier mouvement ; car le seul élément certain d'appréciation que l'on possède est la discordance de stratification entre les couches qui ont subi l'influence du soulèvement et celles dont le dépôt

Difficultés de cette détermination.

n'est survenu qu'après. Quand cet élément fait défaut, ce qui n'est que trop fréquent, on est réduit à baser, sur l'étude des directions, des conjectures plus ou moins hasardées.

Cependant la question se simplifie beaucoup quand il s'agit d'un accident relativement récent, qui n'a affecté, dans leur distribution superficielle, qu'un petit nombre de formations géologiques et dont l'allure offre, dans son ensemble, une assez grande homogénéité. Tel est le cas du pays de Bray. Ce ridement, survenu au milieu d'un bassin où la succession des couches jurassiques et crétacées est si régulière et si continue, n'est évidemment pas de bien ancienne date. Il forme une remarquable unité géographique, et sa liaison intime avec les accidents de direction identique, par lesquels les rivières de la Picardie et de l'Artois se frayent vers la mer autant de voies rectilignes, autorise d'avance à le considérer comme un des derniers phénomènes qui aient influé sur le relief du nord de la France. On peut donc en aborder l'étude avec quelque espoir de reconstituer la série des phénomènes qui lui ont donné naissance.

Émersion progressive du Bray pendant le dépôt de l'étage portlandien. — En décrivant les diverses assises du terrain jurassique dans le pays de Bray, nous avons montré qu'à partir de l'étage kimméridien, déposé dans des conditions de régularité si frappantes, la série sédimentaire offrait les traces d'une tendance constante vers l'émersion de la contrée et vers la substitution du régime d'eau douce au régime marin. Cette substitution était accomplie au début de la période néocomienne, pendant laquelle la mer n'a plus fait, dans le pays de Bray, que de très rares incursions. A cette époque, la région qui nous occupe formait sans doute une bande de lagunes entourant la lisière méridionale d'un continent constitué par des roches paléozoïques, semblables à celles que le soulèvement de l'Artois a amenées au jour en quelques points au milieu des couches crétacées.

Affaissement de la région après la période des sables verts. — Une tendance contraire a commencé à se manifester lors du dépôt des sables verts. Au gault, franchement marin, succèdent les argiles et les grès argileux de la gaize; puis, après le dépôt de la glauconie, le faciès crayeux s'accentue de plus en plus jusqu'à la craie blanche.

Or, on sait aujourd'hui que la craie blanche est formée par une masse d'organismes microscopiques. La récente campagne du vaisseau le *Challenger* dans l'Atlantique et le Pacifique nous a de plus appris que les foraminifères et les algues, dont les carapaces, en s'accumulant sur le fond de la mer, donnent naissance à la boue crayeuse, habitent les eaux chaudes voisines de la surface, à de grandes distances des rivages des continents, dans des régions où les détritus arrachés aux côtes par les vagues et charriés par les courants n'interviennent plus d'une manière appréciable dans la formation des dépôts marins.

Il est donc évident qu'après la période néocomienne, la région du Bray a participé à ce grand mouvement d'affaissement qui s'est fait sentir au moins sur tout le nord de la France, le sud de l'Angleterre et la Belgique, en faisant naître partout, dans ce bassin, des conditions physiques d'une remarquable uniformité.

Ce n'est pas ici le lieu de rechercher où pouvaient être les rivages de la mer de la craie. Certainement ses limites devaient s'étendre beaucoup au delà de ce qui a été admis jusqu'ici. Les oursins en silex, du genre *Micraster*, qu'on recueille sur l'Ardenne et sur le Morvan; les paquets de craie blanche, si merveilleusement conservés dans les failles au pied de la côte châlonnaise, témoignent suffisamment de ce fait que les contours actuels de la craie, tels qu'ils sont dessinés sur les cartes géologiques, ne peuvent avoir la prétention de représenter les véritables rivages de la mer crayeuse. Du reste, le bon sens suffit à le faire reconnaître; car si la craie est une formation, sinon de mer profonde, du moins de haute mer, c'est-à-dire de parages éloignés des côtes, il en résulte que partout où la craie blanche se montre avec ses caractères typiques, les points où on l'observe devaient être assez distants des rivages de la mer où la vase crayeuse se déposait. Nulle part, d'ailleurs, dans le bassin de Paris, les dépôts contemporains de la craie blanche n'ont offert le moindre indice de formations littorales.

Quoi qu'il en soit de cette question, il n'est pas contestable que, lors du dépôt de la craie blanche, la région du Bray, comme tout l'ensemble du bassin anglo-parisien, faisait partie d'une vaste dépression maritime, dont aucun accident notable ne devait interrompre la continuité.

La haute mer s'étendait sur le Bray à l'époque de la craie.

Cette conclusion, certaine en ce qui concerne la base de la craie blanche, doit-elle s'étendre aussi aux assises supérieures de la même formation? Nous le croyons, au moins pour ce qui concerne les couches à *Micraster coranguinum*. Jamais, en Normandie ni en Picardie, ces couches ne se présentent sous la forme de dépôts littoraux. Les traces d'émersion qu'on a cru quelquefois y constater ne sont rien autre chose que des portions noduleuses, semblables à ces lits de nodules crayeux qui se répètent à tant de reprises, sur une hauteur de 25 mètres, dans la craie à *Inoceramus labiatus* de Douvres et du cap Blanc-Nez. Comment, d'ailleurs, de telles émersions auraient-elles pu se produire sans que les dépôts formés par la suite cessassent d'offrir le caractère de sédiments de haute mer?

Quant à la craie à bélemnites, sa limite actuelle est représentée, d'après M. de Mercey, par une ligne tirée de Cahaignes-en-Vexin à Villers-Carbonnel, près de Péronne. Mais cette limite résulte évidemment de l'ablation d'un dépôt qui s'étendait plus loin vers l'ouest, car nulle part la craie à bélemnites n'y offre un aspect littoral. Sur trois points situés très en dehors de cette limite, à Hardivilliers près de Breteuil, à Beauval près de Doullens et à Dreuil-Hamel près d'Abbeville[1], M. de Mercey a découvert des gisements du même étage où la craie est grise, grenue, et n'a plus les caractères typiques d'un dépôt de haute mer. Il est impossible de dire si des dépôts de ce genre se sont également formés en Normandie, d'où l'érosion les aurait ensuite fait disparaître et peut-être, jusqu'à nouvel ordre, est-il est prudent d'admettre que, sur cette région, la mer de la craie à bélemnites ne s'étendait pas aussi loin qu'en Picardie. Néanmoins il demeure certain que le rivage de cette mer dépassait notablement le méridien de Beauvais. Cela suffit pour qu'on soit en droit d'affirmer que la saillie du Bray n'existait pas à cette époque. D'ailleurs, si l'on réfléchit qu'à Gisors aussi bien qu'à Beauvais, les assises de la craie à bélemnites participent au relèvement général des couches vers le Bray, il paraîtra évident que leur absence, au-dessus de la pointe du pays de Thelle, est

[1]. *Mémoires de la Société Linnéenne du Nord de la France*, I, p. 414.

simplement le résultat d'érosions postérieures au soulèvement de cette pointe et qui ont fait disparaître non seulement la craie à bélemnites, mais souvent aussi la craie à *Micraster coranguinum*.

En résumé, nous admettrons comme démontré que la contrée du Bray était tout entière immergée lors du dépôt de la craie blanche supérieure à *Micraster coranguinum*, et que c'est tout au plus si l'on peut penser que, lors de la formation de la craie à bélemnites, la partie nord du Bray s'est trouvée pour la première fois hors des eaux marines. D'ailleurs, dans cette dernière hypothèse, le rivage de la mer eût été dirigé du sud-ouest au nord-est, c'est-à-dire qu'il n'eût en rien porté l'empreinte de la direction qui domine d'une manière si nette dans le relèvement de la contrée. Si donc la craie se réduit, sur les falaises du Bray, à 25 mètres d'épaisseur, c'est simplement parce que le reste a été enlevé par les grandes érosions qui ont façonné les plateaux environnants.

L'amplitude de ces érosions n'a rien qui soit de nature à nous surprendre. Plusieurs géologues ont montré quelle énorme épaisseur de sédiments avait disparu de certaines régions montagneuses, notamment du Morvan, autrefois recouvert par le terrain jurassique, et où l'isolement actuel du terrain primitif est dû, comme on sait, à des failles. N'oublions pas, d'ailleurs, qu'entre l'arête culminante du haut Bray et la base de la craie blanche, il manque *quatre cents mètres* d'assises jurassiques et crétacées. Personne ne songe à attribuer leur disparition à autre chose qu'à un travail de dénudation. Comment s'étonner, dès lors, qu'un travail analogue, mais plus ancien, ait enlevé, dans la haute Normandie et la Picardie, toute la partie supérieure du système crayeux ?

La fin de la période crétacée a été certainement marquée par un changement considérable dans la géographie de la région française. A cet affaissement général qui avait partout fait naître un régime de haute mer a succédé une émersion, accusée par le caractère littoral des dépôts du calcaire pisolithique et par leur distribution essentiellement sporadique. M. Hébert[1]

Émersion après le dépôt de la craie.

1. *Bulletin de la Société géologique de France*, 3e série, t. III, p. 537.

a montré que ce calcaire n'est pas toujours supporté par la craie à *bélem-nites*, et qu'il est parfois adossé directement à la craie à *Micraster coran-guinum*. Son dépôt paraîtrait donc s'être effectué sur un fond crayeux déjà plissé et ondulé. Toutefois il nous paraît excessif d'admettre que le rivage de la mer pisolithique ait suivi le contour actuel du pays de Thelle en passant par Beaumont. L'absence, sur ce pays, de lambeaux de calcaire pisolithique ne peut être invoquée comme un argument. A Vigny, à Montainville, ce calcaire ne se montre-t-il pas complètement isolé, de même qu'à Laversine, et dans des conditions qui, parfois, font songer à des failles ? En tout cas, ses affleurements ont été certainement découpés par de puissantes dénudations, dont le plateau de Thelle a dû avoir sa large part. D'ailleurs nous verrons que ce plateau a été entièrement recouvert par les sables et grès de l'argile plastique. Si donc il avait formé, à l'origine, un cap contourné par la mer pisolithique, il aurait fallu qu'il disparût plus tard pour renaître postérieurement à la période éocène avec les mêmes caractères. Pour ces raisons, nous croyons qu'il vaut mieux admettre que le rivage de la mer pisolithique peut être figuré par une ligne, à peine concave vers l'ouest, tirée d'Ambleville à Laversine, et, par conséquent, presque à angle droit sur la direction actuelle du Bray.

Rivago de la glauconie tertiaire.

Cette ligne offre un certain contraste avec celle qui définit la limite occidentale des affleurements de la glauconie de Bracheux. Cette dernière n'est guère représentée à l'état fossilifère que sur le revers nord de la dislocation du Bray, où sont situés les gisements bien connus de Noailles, d'Abbecourt et de Bracheux ; on sait de plus qu'auprès de Songeons, les fossiles de cet étage se retrouvent à Grémévillers dans des grès exploités pour le pavage. Mais là ne devait pas s'arrêter la mer qui déposait ces sédiments ; au sud de Bracheux, sur la hauteur de Bongenoult et d'Allonne, des dépôts de cet âge se montrent sous la forme de sables jaunes, légèrement glauconieux. On les retrouve sur les pentes du pays de Thelle, aux environs de Méru et, entre Amblainville et Marquemont, sur le versant nord des vallées de la Soissonne et de la Troësne ; ils forment des plages sableuses, s'enfonçant sous l'argile plastique du Vexin français. M. Graves en a signalé de nombreux gisements, dont un, dans le bois de Bachivillers, contient aussi des fossiles marins.

La superposition directe de ces sables à la craie, tandis qu'on ne les a pas encore signalés en contact direct avec le calcaire pisolithique, témoigne de la dénudation, et par suite des mouvements du sol qui ont suivi le dépôt de ce dernier étage. Par suite de ces mouvements, les contours de la glauconie offrent une discordance géographique marquée relativement à ceux du calcaire pisolithique. Les sables de Bracheux s'avancent bien moins loin vers le sud, et disparaissent sans doute à peu de distance de la lisière méridionale du pays de Thelle, comme aussi ils n'atteignent pas, à l'ouest, la limite du Vexin. Tout cela dénote, de la part de la Normandie et de la partie nord-ouest de l'Ile-de-France, une tendance à l'émersion avec rejet de la mer vers le nord et le nord-est. En effet, la glauconie est abondamment représentée au delà de la ligne du Bray par des gisements incontestablement marins et fossilifères. Ces gisements forment aujourd'hui, entre Clermont et Montdidier, des bandes qui courent parallèlement à la ligne du partage des eaux de la Somme et de l'Oise, c'est-à-dire de l'est-sud-est à l'ouest-nord-ouest, et que séparent des arêtes de craie blanche non recouverte par le terrain tertiaire. Ainsi une bande de glauconie fossilifère se dirige de Jaux, au sud-est de Compiègne, vers Cressonsacq et Pronleroy, tandis qu'une autre, partant de Longueil, atteint Maignelay par Mortemer et Coivrel; entre les deux s'étend l'arête crayeuse qui va de Margny-lès-Compiègne à Saint-Just-en-Chaussée, en formant une vallée anticlinale dans laquelle coule l'Aronde. Cette vallée n'est autre que le prolongement exact du pli anticlinal de la vallée de la Bresle, que les travaux de MM. Hébert et de Mercey nous ont depuis longtemps appris à connaître.

La disposition de la glauconie en bandes séparées par des plis anticlinaux nous paraît devoir être attribuée à un phénomène très postérieur au dépôt de cette formation. Non seulement la glauconie de Cressonsacq est identique avec celle de Mortemer; mais l'une et l'autre sont recouvertes par le calcaire lacustre en dalles minces, dans lequel M. N. de Mercey a montré

une dépendance de la partie supérieure des sables de Bracheux. Or l'identité absolue de ce calcaire de part et d'autre du pli crayeux, alors qu'on
sait qu'il ne s'est pas étendu à l'est, dans la région où les deux bandes glau-
conieuses viennent se réunir, atteste clairement que les dalles calcaires de
Cressonsacq et celles de Mortemer ont dû se former dans le même lac.
D'ailleurs, l'axe de la Bresle est rigoureusement parallèle à la dislocation
du Bray, et tout conduit à le regarder comme contemporain de cette dislocation, qui est certainement postérieure au calcaire grossier. Une autre
preuve à l'appui de cette manière de voir est l'existence, au-dessus du bombement crayeux de Margny-lès-Compiègne, de silex verts à la base du limon.
Ces silex sont évidemment ceux qui forment la base de la glauconie de
Bracheux et qui ont été conservés, à l'état remanié et sporadique, lors de
la dénudation qui a suivi le relèvement de l'axe de la Bresle.

Nous croyons donc que les plissements parallèles au Bray n'étaient
pas encore dessinés lors du dépôt de la glauconie inférieure. La mer où
cette dernière se formait, communiquant avec la mer landénienne de la
Belgique par Saint-Quentin, Guise et le Cateau, venait former, sur les
limites de la Picardie et de l'Ile-de-France, un vaste golfe s'étendant, à
l'ouest, au moins jusqu'à Marseille-le-Petit et Songeons, au sud jusqu'à une
petite distance d'une ligne est-ouest menée par Beaumont-sur-Oise. Par
suite, le rivage occidental de la mer de Bracheux traversait, à peu près
du nord au sud, l'emplacement actuel du Bray. Seule, la portion nord-
ouest de ce pays devait être émergée, avec tout le pays de Caux, dont l'argile à silex ne contient jamais ces silex verts, indices d'un ancien dépôt de
glauconie tertiaire, qu'on rencontre si fréquemment dans le bief à silex du
bassin de la Somme.

Il est probable qu'à l'époque où les sédiments, essentiellement
littoraux, de la glauconie tertiaire se déposaient ainsi dans la région située
entre Beauvais et Montdidier, les fonds crayeux, récemment émergés, de la
haute Normandie, étaient soumis à un énergique travail de dénudation. Leur
surface devait donc se trouver aplanie et ramenée à un niveau uniforme
au moment où la mer des sables de Bracheux fit place aux lagunes de

l'argile plastique. On sait que cette formation comporte, dans l'Oise et dans l'Aisne, deux assises distinctes : l'une, à la base, celle des lignites ; l'autre, au sommet, celle des sables blancs et jaunes avec blocs de grès. Tandis que la première n'a laissé de traces nettes, en Normandie, que sur les premières pentes du pays de Thelle, au nord de Chaumont-en-Vexin, et en Picardie, qu'au sud-est de Beauvais, la seconde s'est certainement étendue sur toute la région occupée aujourd'hui par le pays de Bray. A la jonction des deux systèmes, on observe ces conglomérats, avec énormes galets siliceux, qu'on exploite sur la lèvre nord du Bray, à Allonne, près de Beauvais, et, sur la lèvre sud, en différents points de la forêt du pays de Thelle, par exemple à la sablonnière des Routis, près du Coudray-Saint-Germer. Des dépôts de galets, en nombre considérable, ont été également signalés par M. Graves, dans toute la région comprise entre Grandvilliers et Breteuil, où leur abondance est suffisamment indiquée par les noms mêmes que portent la plupart des villages.

Grande extension des dépôts de l'argile plastique.

Ces conglomérats marquent évidemment le rivage occidental des lagunes où les dépôts lignitifères, d'eau douce ou terrestre, alternaient avec des retours de sédiments marins ou saumâtres, comme on en observe tant dans le Soissonnais. Comme preuve de l'intime liaison des galets avec l'argile à lignites, nous citerons ces dépôts d'argile grisâtre, couronnant les pentes qui dominent Gisors à l'est, et où l'argile, facile à rattacher de proche en proche aux lignites de Trye-Château et de Chaumont-en-Vexin, est mélangée de galets parfaitement roulés. On observe également des galets, subordonnés à l'argile plastique, aux environs de Neaufles-Saint-Martin et de Dangu. Ces galets paraissent d'autant plus gros et plus nombreux qu'on se rapproche davantage de l'ouest; en même temps, le faciès sableux s'accentue et les argiles grises sont remplacées par des argiles bariolées, aux couleurs vives, les seules qu'on doive trouver désormais dans les parties de la haute Normandie, où l'étage de l'argile plastique a été conservé, à la faveur de son effondrement dans les poches de la craie.

L'étage des grès et sables jaunes supérieurs aux lignites paraît repré-

senter une formation d'eau douce ou terrestre. On n'y trouve que de rares
traces de végétaux. Le plus souvent cet étage passerait inaperçu en Normandie, sans les blocs de grès qu'il a laissés comme témoins, que le
phénomène de l'argile à silex a dû respecter et qu'on retrouve, en certaine
abondance, à la base du limon des plateaux. Ces blocs, impossibles à
méconnaître, existent partout sur les deux lèvres du Bray; quelques-uns
même s'observent au pied de la falaise de craie marneuse, épars sur la
terrasse de craie glauconieuse, où les a fait tomber l'érosion qui élargissait
la vallée de Bray.

Dès lors il nous semble évident qu'à l'époque où se déposaient ces
sables et grès, contemporains, à nos yeux, des sables d'Ostricourt de la
Flandre, du landénien supérieur de Belgique, des grès lustrés et ladères
d'Eure-et-Loir, enfin probablement aussi du poudingue de Nemours, le
pays de Caux, le Bray et la Picardie formaient une seule région, d'altitude
uniforme, où la protubérance actuelle du Bray n'était pas encore dessinée.
Il y avait seulement, dans tout l'ensemble de cette région, une tendance
marquée vers l'émersion et, sans doute, à l'époque des sables nummulitiques, elle était tout entière devenue continentale. Jusqu'ici, en effet, on
n'y a obervé aucun vestige des formations supérieures à l'argile plastique
et les meulières à *Nummulites lævigata,* si fréquentes entre l'Oise et les
Flandres, font entièrement défaut à l'ouest de Beauvais. D'ailleurs la
constitution des dépôts du calcaire grossier inférieur dans le Vexin, au nord
d'Écos, atteste clairement que là se trouvait le rivage occidental de la mer.

Rivages de la mer du
calcaire grossier.

Ainsi, à l'époque du calcaire grossier inférieur, le pays de Bray faisait
partie, avec la Normandie et la Picardie occidentale, d'un continent baigné
au sud par une mer dont le rivage s'étendait à peu près des Andelys, par
Gisors, à la pointe septentrionale de la forêt de Hez. Or cette ligne faisant
assez exactement suite à celle qui définit la limite des affleurements du
calcaire grossier aux environs de Noyon, nous sommes portés à croire que
l'interruption des dépôts entre la forêt de Hez et les hauteurs de Ribecourt
et de Lassigny doit être attribuée plutôt au travail des érosions. Par suite,
quand le calcaire grossier se déposait, ni le pays de Bray, ni les plis qui

lui sont parallèles n'existaient comme régions distinctes de l'ensemble dont ils faisaient alors partie, et l'accident rectiligne qui imprime au Bray toute son individualité n'avait pas encore pris naissance.

Là se bornent les conclusions qu'on peut déduire de l'étude directe du pays de Bray, et il serait impossible d'arriver autrement que par voie d'induction à une détermination plus précise, si le soulèvement du Bray s'arrêtait exactement au barrage que nous avons signalé à sa pointe sud-est, entre Silly et Noailles, et au delà duquel les formations inférieures à la craie blanche cessent bien vite d'affleurer.

Mais ce barrage, si bien marqué par la croupe qui porte la garenne du Haut-Silly, est loin de définir la limite de la falaise méridionale du Bray. Il forme seulement un promontoire, sur le flanc occidental duquel commence le Bray, c'est-à-dire la région des herbages, tandis que le flanc oriental fait face à une dépression en forme de pointe, orientée exactement comme le Bray, et comprise entre la falaise rectiligne du pays de Thelle d'une part, et le plateau de Mouchy de l'autre. Cette dépression, large, au début, de 3 kilomètres, n'a plus que 1,200 mètres à Ully-Saint-Georges, où elle finirait en cul-de-sac si, en cet endroit, le plateau de Mouchy n'était ouvert par une coupure profonde et rectiligne, par laquelle le ruisseau de Cauvigny et d'Ully vient rejoindre la vallée du Thérain. Mais, au delà, un sillon bien marqué, exactement rectiligne et orienté 140°, prolonge la dépression jusqu'à Précy-sur-Oise, où elle vient s'épanouir dans la vallée de l'Oise après un parcours de 10 kilomètres depuis Ully.

Prolongement du Bray
au delà de Noailles.

Tout est étrange dans les conditions topographiques de ce sillon, que n'arrose aucun cours d'eau pérenne et dont la largeur, en certains points, suffit juste au passage de la route, comme aussi dans l'allure de la dépression d'Ully à Noailles. Tout dénote, au premier coup d'œil, un accident *sui generis*, n'ayant rien de commun avec ceux qu'on est habitué à rencontrer dans les vallées voisines.

Si l'on aborde le sillon par Précy, on croit d'abord entrer dans une étroite vallée, dont les deux bords sont exactement à la même hauteur, l'altitude du moulin du Précy étant 113, lorsqu'en face, le plateau de Crouy-

en-Thelle est à 120. Mais, d'une part, le flanc nord-est du sillon est constamment abrupt, tandis que le flanc sud-ouest est doucement incliné.
D'autre part, quand après 8 kilomètres on atteint le bois des Épileux,
le plateau de droite étant à 109, c'est-à-dire sensiblement à la même
hauteur qu'à l'entrée, l'arête du pays de Thelle a conquis la cote 172.

A partir de là, le plateau de Mouchy conservant une altitude uniforme,
comprise entre 110 et 117, c'est-à-dire égale à celle du plateau du moulin
de Précy, la crête de Thelle monte constamment de 172 à 220.

Ainsi, la dissymétrie de cet accident est frappante. Elle le devient bien
davantage lorsqu'on étudie sa composition géologique. En effet, la falaise
d'altitude uniforme étant constituée par le calcaire grossier et les sables
nummulitiques, la pente rapide qui borde le pays de Thelle est formée, à sa
base, par l'argile plastique et les sables de la glauconie, qui viennent s'appuyer, en couches inclinées, contre la craie blanche. Et tandis qu'à Ully,
cette craie qui supporte la glauconie est de la craie à bélemnites, déjà, en
face de Noailles, la craie marneuse se montre au pied de la grande falaise,
où son altitude dépasse 160 mètres.

Il est donc visible que la falaise du pays de Thelle est, géologiquement,
le prolongement exact du pays de Bray, que les couches y plongent en
forme de dôme vers le sud-est, et que le sillon et la dépression d'Ully
continuent simplement, pour la géologie comme pour l'orographie, la dislocation terminale du Bray. Par suite, le soulèvement du Bray se poursuit
au delà des limites naturelles de la contrée et nous le retrouvons, avec tous
ses caractères fondamentaux, dans une région offrant cet avantage d'être
constituée par des sédiments plus modernes, et par conséquent capables de
fournir les repères qui nous manquaient pour déterminer l'âge d'un accident postérieur au calcaire grossier.

Relèvement
du calcaire grossier. Cette détermination doit résulter de l'étude stratigraphique des sédi-
ments tertiaires qui forment le plateau compris entre le sillon de Précy à
Ully, le vallon de Foulangues, la vallée du Thérain et la vallée de l'Oise.
L'observation est particulièrement intéressante le long de la route de
Neuilly-en-Thelle à Cires-lès-Mello. Cette route franchit le sillon à une alti-

tude d'environ 110 mètres près du lieu dit le Tillet, et montre successivement à l'observation le calcaire grossier inférieur, le calcaire grossier
moyen, enfin la roche à cérithes, atteignant, à la crête, une altitude comprise entre 120 et 130. Or, depuis ce point jusqu'à l'arête de la falaise qui
borde le Thérain entre Cires et Maysel, et dont l'altitude est d'environ 80,
on ne cesse pas de se tenir sur la roche à cérithes. Le calcaire grossier
supérieur s'incline ainsi de plus de 30 mètres vers le Thérain dans un espace
d'environ 3 kilomètres, ce qui donne une pente supérieure à 1 pour 100.
Une pente de ce genre dépasse celle qu'affectent d'ordinaire les sédiments
déposés dans des eaux tranquilles. Elle fournit donc un puissant motif de
croire que le calcaire grossier supérieur a participé au soulèvement du Bray.

Pour en acquérir une démonstration péremptoire, il convient, après
avoir gravi la petite côte du Tillet en revenant du Thelle, de longer à droite,
au pied de l'éminence couronnée par le bois de Saint-Vaast, la crête du sillon
conduisant par Blaincourt à Précy. On y rencontre de nombreux affleurements de roche à cérithes en grandes plaques inclinées au nord-est, et,
au point culminant du sentier, à peu près à l'altitude 130, au-dessus du lieu
dit la Villeneuve, le contact des bancs de roche avec le calcaire grossier
moyen s'observe de la façon la plus nette. Les couches y plongent de
30° au nord-est. Des plongements de même amplitude se font remarquer
en quelques points de la crête entre la grande route et le Bois des Épileux,
et il est impossible de les attribuer à des éboulements, car ils ont lieu
précisément en sens inverse de la pente des versants couronnés par les
bancs de roche.

Il est donc certain que l'allure du calcaire grossier supérieur est
déterminée par le prolongement de la dislocation terminale du Bray;
tandis que la glauconie, l'argile plastique et les sables du Soissonnais
ont assez facilement obéi, grâce à la mobilité de leurs éléments, au mouvement de plissement qui a formé l'arête du pays de Thelle, le calcaire
grossier, plus solide, a éprouvé un dérangement à la fois plus local et
plus énergique. En tout cas, il est parfaitement établi que cette dislocation, dans laquelle se résume tout l'accident géologique du Bray, est

21

postérieure à la consolidation des couches du calcaire grossier supérieur.

Il reste à savoir si elle a également affecté l'étage des sables de Beauchamp. Dans une note communiquée à l'Académie des sciences en 1872 [1], l'auteur du présent mémoire s'était prononcé pour la négative. Depuis cette époque, une étude plus approfondie de la question l'a conduit à modifier sa première appréciation. M. Hébert [2] avait fait remarquer, dès 1875, que le bombement du pays de Bray n'avait pas dû se terminer avant le dépôt du calcaire de Saint-Ouen, lequel se trouve à Mortefontaine à l'altitude de 90 mètres, tandis qu'à Survilliers il dépasse 140. Nous allons voir que la même observation s'applique aux abords immédiats du pays de Bray et qu'on en peut déduire une appréciation exacte de la date du soulèvement.

La crête du sillon d'Ully à Précy est dominée, entre le Tillet et Blaincourt, par une ligne de hauteurs, en retraite sur cette crête d'environ 100 ou 200 mètres, et qui n'est autre que l'arête extérieure culminante d'un plateau superposé à celui de Maysel, et portant les bois de Saint-Vaast, de Saint-Michel et de Cramoisy. L'arête de ce plateau, longue de 3 kilomètres, est exactement horizontale et à l'altitude 143. En arrière de l'orme signalé qui domine Blaincourt, le sol reste parfaitement plan sur plus de 1,200 mètres perpendiculairement à la direction de l'arête, mais il ne s'en abaisse pas moins en pente douce de 143 à 130 mètres, soit une pente d'environ 1 pour 100, conforme à celle du calcaire grossier sous-jacent.

Or le sous-sol du plateau en question est uniformément composé par les sables et grès de Beauchamp, exploités en divers points et la surface est très régulièrement jonchée des débris d'une sorte de meulière à fossiles d'eau douce, dans laquelle il est aisé de reconnaître la formation de Saint-Ouen, détruite et modifiée par le phénomène général de l'argile à silex.

Ainsi ces deux formations, celle de Beauchamp et celle de Saint-Ouen, ont subi, *dans les mêmes proportions que le calcaire grossier,* l'influence de la dislocation terminale du Bray, et si l'on n'y observe que de faibles plonge-

---

1. *Comptes rendus,* 8 avril 1872. — Voir aussi *Bulletin de la Société géologique de France,* 2ᵉ série, t. XXIX, p. 230.

2. *Bulletin de la Société géologique de France,* 3ᵉ série, t. III, p. 539.

ments, c'est parce que la dénudation ne les a respectées que jusqu'à une
certaine distance de la ligne de dislocation, distance qui suffit pour que les
couches sous-jacentes de la roche à cérithes aient déjà repris l'allure tranquille qu'elles conservent du Tillet à Maysel.

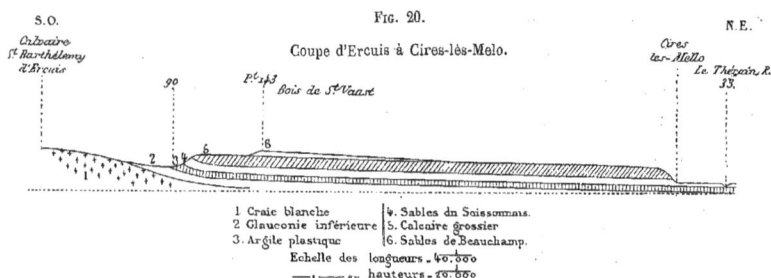

FIG. 20.

Coupe d'Ercuis à Cires-lès-Melo.

1. Craie blanche
2. Glauconie inférieure
3. Argile plastique
4. Sables du Soissonnais.
5. Calcaire grossier
6. Sables de Beauchamp.
Echelle des longueurs.
hauteurs.

Par suite, le soulèvement du Bray doit être définitivement considéré
comme *postérieur au calcaire de Saint-Ouen*. Cela ne veut pas dire que d'importants mouvements du sol n'aient pas eu lieu à la fin du dépôt du calcaire
grossier. De tels mouvements sont attestés, d'abord par la diminution
constante du caractère marin, depuis le calcaire grossier à miliolithes jusqu'aux caillasses, ensuite par la brusque substitution à ces dernières des
sables marins de la période de Beauchamp. Même, au voisinage de la
limite de leurs affleurements, dans le Vexin comme aux environs de Noyon,
ces sables abondent en galets roulés, souvent de grosses dimensions, qui
n'ont pu être empruntés qu'à une falaise voisine. C'est ainsi que, sur le
plateau de Clermont, à Auvillers, à l'altitude 144, on observe, à l'état
remanié, à la base du limon, de gigantesques galets que nous considérons
comme le dernier témoin, dans ces parages, du rivage de la mer de Beauchamp. Mais si ce rivage paraît être toujours un peu en arrière de celui de
la mer du calcaire grossier, il n'en est jamais bien éloigné et, en tout cas,
l'un et l'autre conservent partout un parallélisme marqué. Dès lors, les
mouvements du sol qui ont pu se produire entre les deux périodes n'ont

été que la continuation de ceux qui avaient provoqué l'émersion, toujours de plus en plus accentuée, de la Normandie et de la Picardie, et aucun d'eux ne semble avoir affecté cette grande direction nord-ouest-sud-est qui, seule, peut servir à définir le bombement du Bray.

Ainsi ce bombement n'a dû se faire sentir qu'après le dépôt du calcaire de Saint-Ouen, c'est-à-dire à la fin de ce qu'on peut appeler la période éocène, les sédiments qui viennent ensuite pouvant être plus convenablemènt groupés sous la dénomination d'étage oligocène. Nous croyons que telle est, à proprement parler, la date du soulèvement du Bray, et, sans méconnaître qu'à une époque ultérieure, de nouveaux mouvements du sol aient pu, en quelque sorte, en réveiller les échos, nous croyons que c'est là qu'il faut placer la dislocation si homogène dont nous avons essayé de préciser les caractères.

En effet, les dépôts de l'époque du gypse offrent, relativement à ceux qui précèdent, une discordance géographique assez marquée. Leur épaisseur est d'ailleurs très faible dans la région située entre le Vexin et la forêt de Compiègne, et la crête de Villers-Cotterets forme leur dernier affleurement connu vers le nord. Partout on les voit intimement liés aux sables de Fontainebleau, qui ne dépassent pas non plus cette dernière limite. Or ces sables ne paraissent pas subir d'oscillations sensibles dans l'altitude de leur surface terminale, toujours couronnée par les meulières de la Beauce. D'une altitude moyenne de 180 mètres, qu'elle possède à Paris, cette surface s'élève à 210 mètres à Neuville-Bosc, près de Marines, comme à Nointel, près de Beaumont, pour monter à 220 au mont Pagnotte et 255 entre Villers-Cotterets et Longpont. C'est l'effet du déversement du lac de la Beauce, qui a dû se vider à l'ouest, dans la mer des faluns, à la faveur d'un relèvement général de la France du nord et de l'est, relèvement dont le Bray, déjà constitué dans ses traits généraux, aurait profité comme le reste.

Accidents postérieurs. On remarquera, il est vrai, que le relèvement des meulières de Beauce est beaucoup plus rapide entre la forêt de Montmorency et la hauteur de Nointel qu'entre ce dernier point et le mont Pagnotte. Mais il est fort possible que, lors de ce relèvement, l'ancienne dépression qui longeait le flanc nord-est du Bray et de son prolongement y ait moins facilement obéi que le flanc sud-ouest. En outre, la direction des chaînes de sable de Fontainebleau, soit de Neuville-Bosc à Dammartin, soit de Taillefontaine à Longpont, est très différente de celle de la dislocation du Bray, avec laquelle elle fait un angle d'environ 20°. Nous pensons donc qu'il convient d'y voir l'influence d'un mouvement distinct de celui du Bray, sensiblement plus récent, mais ayant fait sentir aussi son influence sur cette contrée, peut-être en déterminant la direction générale de la falaise du sud-ouest entre le Coudray-Saint-Germer et Noailles.

De cette façon, l'accident géologique du pays de Bray serait du même âge que le principal soulèvement des Pyrénées, et, comme ce dernier, il aurait été suivi d'un second mouvement, antérieur au dépôt de la mollasse, mais affectant les couches contemporaines du sable de Fontainebleau.

Synchronisme du Bray et des Pyrénées.

L'idée de rattacher le soulèvement du Bray à celui des Pyrénées a été, depuis longtemps, émise par Élie de Beaumont[1]. La différence d'orientation des deux systèmes s'expliquait, selon l'illustre auteur de la *Notice sur les systèmes de montagnes*, par la déviation que des accidents antérieurs avaient fait subir, dans le Bray, à la direction du soulèvement pyrénéen, cette dernière demeurant bien visible dans quelques-uns des accidents de la contrée, tels que l'alignement de la falaise méridionale aux environs d'Auneuil.

Élie de Beaumont croyait, d'ailleurs, que le soulèvement principal des Pyrénées avait séparé la période crétacée de la période tertiaire. Il appliquait la même conclusion au Bray et en voyait une confirmation dans la nature minéralogique des dépôts tertiaires du bassin parisien. Observant que les dépôts éocènes commençaient par un conglomérat de silex, recouvert par des sables de moins en moins riches en glauconie, il faisait remarquer que cette succession était conforme à celle qui devait résulter de la dénudation progressive du dôme du Bray. En effet, la craie, attaquée

---

1. *Notice sur les systèmes de montagnes*, pp. 437, 444 et suivantes.

la première, avait dû abandonner ses silex ; puis l'attaque de la craie
glauconieuse avait donné les sables verts de la glauconie éocène, et la dénudation, arrivant enfin aux sables du crétacé inférieur, y avait trouvé des
éléments de moins en moins glauconieux.

Ces déductions pouvaient paraître séduisantes à l'époque où elles ont
été présentées ; mais il serait impossible aujourd'hui de leur attribuer la
même valeur. Il est à remarquer qu'à Bracheux et à Noailles, au bord
même du Bray, les sables éocènes sont beaucoup moins glauconieux que
sur la limite de la Picardie et de la Flandre; nulle part, d'ailleurs, la glauconie n'est plus nettement représentée que dans le landénien inférieur du
Hainaut, dont la formation, on en conviendra, n'a pu avoir rien de commun
avec le soulèvement du Bray.

D'ailleurs on sait aujourd'hui que le terrain nummulitique, porté à de
si grandes hauteurs dans le centre de la chaîne pyrénéenne, appartient à
l'étage supérieur du terrain éocène : de telle sorte qu'il est possible de
maintenir le synchronisme de l'accident du Bray avec le soulèvement des
Pyrénées, tout en lui attribuant une date très différente de celle qui lui
avait été assignée par Élie de Beaumont.

Quant à la différence d'orientation des deux accidents, dont l'un est
dirigé suivant 130° tandis que l'autre affecte la direction 105°, elle ne nous
semble pas résulter d'une déviation en échelons subie, dans le Bray, par
l'orientation 105°. L'étude des courbes des planches II et III n'indique rien
de semblable. Au contraire, elle fait ressortir l'homogénéité de la dislocation terminale, et ce sont seulement les intensités variables de cette dislocation qui paraissent réclamer l'intervention d'accidents antérieurs. Il nous
paraît plus probable que les directions produites par un même soulèvement
sont comprises dans des limites beaucoup moins étroites que celles où l'on
croyait autrefois devoir les renfermer.

RAPPORTS DU SOULÈVEMENT DU BRAY

AVEC LES DIVERS ACCIDENTS GÉOLOGIQUES DE LA RÉGION FRANÇAISE

§ 38.

ÉTUDE DES PROLONGEMENTS DIRECTS DU SOULÈVEMENT DU BRAY.

Notre premier soin doit être de rechercher ce que devient le soulèvement du Bray en dehors des limites de la région et suivant le prolongement
de la dislocation terminale. Occupons-nous d'abord de la vallée de la
Béthune, qui se poursuit en ligne droite depuis Bures jusqu'à Arques, et
dont la vallée de l'Arques, de ce point à Dieppe, forme l'exacte continuation.

Prolongement septentrional.

C'est au-dessous de l'église de Bures, presque au niveau de la Béthune,
qu'on aperçoit pour la dernière fois la glauconie crayeuse. Au delà, jusqu'à
Osmoy, la craie de Rouen à silex gris forme une ligne de mamelons
orientés dans l'axe du soulèvement, et où les couches semblent plonger
vers la Béthune. Mais, à partir d'Osmoy, toute trace de dérangement disparaît et, à Saint-Vaast, la base de la craie marneuse est au même niveau
sur les deux rives de la vallée. Cette base s'abaisse d'ailleurs à mesure
qu'on se rapproche de Dieppe.

Ainsi, d'une part, aucune trace de dislocation, c'est-à-dire de pli brusque ou de faille, ne s'observe au delà d'Osmoy et, d'autre part, les couches
plongent vers Dieppe, pour ne plus laisser affleurer, aux abords de cette
ville, que la craie blanche.

D'ailleurs, les planches II et III nous ont montré que, de Neufchâtel à Bures, les courbes de niveau prenaient une direction conforme à celle de la Béthune en se coudant assez brusquement vers le nord-ouest. La dislocation du Bray ne franchit donc pas cette région pour pénétrer au nord dans la vallée de l'Eaulne ; elle s'atrophie simplement de plus en plus au delà de Neufchâtel et passe à la condition de pli simple, d'abord un peu dissymétrique, puis avec une égale inclinaison des deux versants. La ligne anticlinale du soulèvement s'abaisse suivant cette direction, de telle sorte qu'aucune trace de l'accident caractéristique du Bray ne se fait plus sentir au delà du confluent de la Béthune et de l'Arques. Seule, une fracture simple, par laquelle les eaux se sont ouvert un passage, témoigne de l'influence exercée par le soulèvement sur la région avoisinante.

Accident de Dieppe.   On sait, depuis les travaux de MM. Hébert et de Mercey, que les deux falaises qui encadrent le port de Dieppe ne sont pas constituées par les mêmes assises. La falaise de l'ouest est tout entière formée de craie à *Micraster coranguinum*, tandis que la craie à *Micraster cortestudinarium* se montre seule à la falaise du Pollet. Cette dissymétrie a d'abord été attribuée à une faille. D'après une communication récente qui nous a été faite par M. de Mercey, l'accident se réduirait à un pli brusque.

En tout cas, ce plissement n'a rien de commun avec celui du Bray. Sa lèvre soulevée est au nord, tandis que la lèvre soulevée du Bray est au sud ; sa direction paraît être vers le sud-ouest. Nous croyons donc, comme l'a déjà indiqué M. Hébert, que l'accident du pays de Bray n'est plus visible dans la vallée de la Béthune, au delà de Saint-Vaast.

Plissement de l'Eaulne.   La vallée de l'Eaulne, qui court parallèlement à celle de la Béthune depuis sa source jusqu'à Envermeu, pour se couder ensuite à l'ouest et se réunir à l'Arques un peu en amont de Dieppe, forme un appendice inséparable de la région du Bray. M. de Mercey[1] a depuis longtemps signalé l'apparition, dans cette vallée, de la craie de Rouen, qui se montre d'une manière continue de Douvrend à Mortemer et atteint, près de Vatierville,

_____
1. *Bulletin de la Société géologique de France,* 2ᵉ série, t. XXIII, p. 764.

une hauteur de plus de 50 mètres au-dessus de la rivière, sans que, d'ailleurs, il paraisse y avoir de dissymétrie entre les deux versants. Comme, sur la rive gauche de la Béthune, à Neufchâtel, les couches de la craie se montrent affectées d'un plongement assez sensible vers le nord-est, plongement qui suffirait pour amener la craie de Rouen, à Vatierville, au-dessous du niveau de l'Eaulne, il faut évidemment que cette vallée soit, comme l'a dit M. de Mercey, sur le passage d'un pli anticlinal à peu près parallèle à celui du Bray. Ce pli fait sentir son influence jusqu'à la mer et se traduit sur la falaise par le relèvement de Berneval et de Vassonville, où, d'après M. Hébert[1], la craie marneuse se montre à une cinquantaine de mètres au-dessus du niveau des galets.

Cette liaison si naturelle du pli de la vallée de l'Eaulne avec le relèvement de Berneval nous dispense de recourir, pour ce dernier accident, à une déviation survenue dans le soulèvement du Bray. En effet, à Berneval, la craie glauconieuse doit exister à une très petite distance au-dessous de la mer. Or, à Douvrend, elle disparaît sous la vallée, à une altitude d'environ 60 mètres, ayant perdu près de 100 mètres depuis Vatierville, ce qui correspond à une pente de 0,6 pour 100. La même pente, prolongée de Douvrend à Berneval, c'est-à-dire sur une distance de 13 kilomètres et demi, amènerait la craie glauconieuse à moins de 20 mètres sous le niveau moyen de la mer; et il suffit d'admettre, ce qui est extrêmement vraisemblable, que la pente des couches diminue vers le nord-ouest pour que cette seule inclinaison suffise à rendre compte de l'altitude de la craie marneuse à Berneval. D'ailleurs, aucun indice ne nous autorise, jusqu'à présent, à croire que le soulèvement du Bray se coude vers le nord aux environs de Bures.

Néanmoins, ainsi que nous l'avons déjà fait remarquer, la ligne droite de la falaise du Bray, entre Argueil et Bures, prolongée jusqu'à la côte, vient justement passer près de Berneval, et il en est de même de la grande ligne de dislocation de la partie méridionale du Bray, entre Glatigny et

Relèvement de Berneval.

1. *Bulletin de la Société géologique de France*, 3º série, t. III, p. 527.

22

Précy-sur-Oise. Il se pourrait donc que la rencontre de ces deux lignes importantes eût déterminé, non le soulèvement de Berneval, mais les fractures multiples que M. Hébert a signalées entre ce point et Vassonville.

Quant au bombement de l'Eaulne, il pourrait trouver son explication dans le passage de la ligne de dislocation de Glatigny à Précy. Cette ligne coupe si obliquement la vallée de l'Eaulne aux environs de Londinières qu'elle se confond presque avec son axe géographique. Elle exercerait donc une influence à peu près identique avec celle d'un plissement qui serait rigoureusement parallèle à celui du Bray. Dans cette hypothèse, le pli anticlinal de l'Eaulne et, avec lui, le relèvement de Berneval seraient sous la dépendance étroite de l'un des grands éléments de la dislocation du Bray, et la complexité particulière de l'accident sur la côte se trouverait en rapport avec le phénomène qui a déterminé l'alignement remarquable de la falaise du Bray entre Bures et Argueil.

Prolongement méridional.

Le prolongement méridional de l'accident du Bray nous arrêtera moins longtemps. Déjà nous avons étudié le parcours de la dislocation depuis la pointe sud-est de la région, à Tillard, jusqu'à Précy-sur-Oise. Mais là ne se termine pas cet accident. Il franchit la vallée de l'Oise et continue sans changer de direction à travers la forêt de Chantilly jusqu'aux abords de Dammartin.

Ainsi la plaine basse qui s'étend de Gouvieux à la Morlaye, entre la Nonette et la Thève, peut être considérée comme une expansion, au delà de l'Oise, du pays de Thelle; la craie y affleure sous les alluvions, recouverte en certains endroits par les sables glauconieux.

Le passage de la dislocation à travers la forêt de Chantilly est marqué par un pli brusque sur les lèvres duquel le calcaire grossier inférieur et le calcaire grossier supérieur sont amenés au même niveau.

Au delà de la Thève, si la dislocation n'est plus directement visible à la surface du sol, du moins elle se trahit par la différence d'altitude du calcaire de Saint-Ouen, qui dépasse 140 mètres à Survilliers, tandis qu'à Mortefontaine, on le trouve à 90 mètres. A partir de ce point, on ne rencontre plus de traces d'accident, si ce n'est dans une tendance des petits

affluents de droite de la Marne à s'aligner suivant une direction voisine de
134° : ainsi la Beuvronne entre Moussy et Villeneuve, et le ruisseau qui se
joint à la Marne immédiatement à l'aval de Meaux. Ce même alignement se
retrouve dans la dernière partie du cours du Grand-Morin depuis Crécy et
dans le cours de la Marne après sa réunion au Grand-Morin jusqu'au coude
brusque qui la ramène au sud.

§ 39.

RELATIONS DU BRAY AVEC LA VALLÉE DE LA SEINE.

La vallée de la Seine est, dans son ensemble, remarquablement paral- *Parallélisme de la Seine et du Bray.*
lèle à l'accident du pays de Bray. Une ligne tirée de Mantes à Caudebec,
suivant l'orientation 130°, qui est celle du Bray, recoupe toutes les sinuosités
de la rivière entre ces deux points, et son prolongement va justement
passer à Fécamp, c'est-à-dire en un endroit où la craie glauconieuse subit
un relèvement brusque.

Or on sait que la direction moyenne de la Seine est jalonnée par une
grande ligne de dislocation. La faille de la Seine, entrevue d'abord par
M. Harlé, a été définie ensuite par M. Hébert[1], qui a fait voir que les relè-
vements caractéristiques de Beynes, de Mantes, de Vernon, de Rouen, de
Villequier et de Fécamp s'alignaient exactement sur sa direction.

Il n'y a pas seulement parallélisme entre l'accident de la Seine et celui *Similitude d'allure des deux accidents.*
du Bray : il y a, de plus, identité d'allure. Tous deux sont essentiellement
des plis brusques, localisés dans une zone très restreinte, et, pour la Seine
comme pour le Bray, la résolution du pli en faille est loin d'être constante.
Lorsque, des hauteurs de la côte Sainte-Catherine, couronnées par une
faible épaisseur de craie blanche en couches horizontales, on contemple à

---

1. *Bulletin de la Société géologique de France*, 2ᵉ série, t. XXIX, p. 453.

ses pieds la plaine du Petit-Quévilly, où l'on sait que la même craie blanche, également horizontale, descend au-dessous du niveau de la rivière, on ne résiste pas, à première vue, à l'impression que cet accident est dû à une faille des mieux caractérisées. Cependant, partout où l'espace qui sépare la lèvre soulevée de la lèvre abaissée n'a pas été soumis aux érosions de la vallée, on y observe des couches fortement inclinées qui relient les deux lèvres. On peut même dire que le seul point où les deux lèvres soient visibles ensemble dans un même escarpement, la petite falaise de Thosny, près des Andelys, montre avec une netteté parfaite le passage, sans fracture, de l'allure horizontale à une inclinaison de 45°.

Ainsi l'accident de la Seine est exactement du même ordre que celui du Bray; il mérite plutôt le nom de dislocation que celui de faille, la plasticité des couches crayeuses leur ayant le plus souvent permis de se prêter sans fracture à l'effort qui tendait à les ployer.

Il y a longtemps, du reste, que l'analogie du relèvement de Rouen avec celui du Bray avait été signalée. En observant sous la ville de Rouen le terrain jurassique recouvert par le poudingue ferrugineux du gault et la craie glauconieuse, M. A. Passy avait décrit cet accident comme *un pays de Bray en petit*. Seulement, à cette époque, on ignorait que ce soulèvement fût relié d'une manière continue à une série de dislocations du même genre suivant une ligne parallèle au Bray.

Disposition inverse des
deux dislocations.

En même temps que la vallée de la Seine et la coupure du Bray constituent deux accidents parallèles et de même nature, ils offrent, l'un par rapport à l'autre, une symétrie remarquable.

Dans le Bray, c'est la lèvre picarde, c'est-à-dire celle du nord-est, qui est abaissée; dans la dislocation de la Seine, l'abaissement a porté, au contraire, sur la lèvre sud-ouest. De cette façon, tout l'espace compris entre la Seine et le Bray semblerait représenter en quelque sorte un fragment soulevé de l'écorce terrestre. Mais ce fragment n'a pas été soulevé en masse; c'est à ses deux extrémités que l'effort vertical a été porté à son maximum. Au milieu, au contraire, il y a eu affaissement, et les études de

M. Hébert[1] ont montré qu'entre Vernon et le Bray il y avait un pli concave s'étendant de Gisors à Lyons.

Rien n'est plus propre à montrer que le soulèvement de la Seine et celui du Bray ne résultent pas d'efforts verticaux, mais qu'ils sont dus à un ensemble de compressions latérales ayant donné naissance, suivant certaines lignes déterminées, à des couples dont la composante ascendante était tantôt celle du sud-ouest, tantôt celle du nord-est.

Quant aux circonstances qui ont déterminé un maximum d'effort, *Situations relatives des points de maximum d'effort.* suivant la dislocation de la Seine, à Rouen, à l'embouchure de l'Andelle et à Vernon, il ne paraît pas qu'elles puissent être facilement mises en rapport avec les traits caractéristiques du soulèvement du Bray; car l'allure des courbes de niveau le long de la falaise méridionale de ce pays n'indique nulle part la probabilité d'un accident dirigé vers l'ouest ou le sud-ouest. Néanmoins il est à remarquer que la ligne de Rouen par Aumale à Picquigny, signalée par M. Hébert[2] comme une ligne de renflements dans le système crayeux, passe justement par le second dôme culminant du soulèvement du Bray, celui qui domine Gaillefontaine.

§ 40.

ACCIDENTS PARALLÈLES AU BRAY.

Les études détaillées de MM. Hébert et de Mercey nous dispensent d'insister longuement sur la succession de plis, alternativement concaves et convexes, et toujours parallèles au Bray, qu'on observe suivant toutes les vallées de la Picardie et dont plusieurs se prolongent jusqu'à l'Ile-de-France.

1. *Bulletin de la Société géologique de France,* 3ᵉ série, t. III, p. 579.
2. *Ibidem,* p. 538.

Plissements de la
Picardie.

Ainsi la vallée de Criel correspond à un pli concave, tandis que la vallée de la Bresle est ouverte suivant un pli convexe. L'axe anticlinal de ce dernier pli est d'ailleurs, comme l'a récemment montré M. de Morgan[1], incliné vers la mer et son point culminant doit certainement se trouver en amont de Blangy. En outre, ce pli serait légèrement dissymétrique, et la rive droite de la Bresle serait un peu élevée relativement à la rive gauche, disposition inverse de celle du Bray et reproduisant, par conséquent, mais en petit, les circonstances de la dislocation de la Seine. Le prolongement de l'axe anticlinal de la Bresle se retrouve, d'ailleurs, dans l'Ile-de-France, où il vient aboutir à Margny-lès-Compiègne, et il est séparé du relèvement du pays de Thelle par un pli concave où coule le Thérain. En effet, le calcaire grossier supérieur descend à 80 mètres d'altitude à Mouy, tandis qu'il dépasse 150 mètres à Clermont et 160 au-dessus de Catenoy.

La vallée de la Somme forme un pli concave, et, suivant M. de Mercey, la vallée de l'Authie, qui vient ensuite, offre un pli convexe.

Axe de l'Artois.

Enfin, en continuant ainsi vers le nord, on arrive à l'axe de l'Artois, depuis longtemps signalé par M. d'Archiac, et dont la direction concorde avec celle du Bray. M. Potier[2] a montré que cet axe est jalonné par une dislocation, tantôt pli, tantôt faille, qui a affecté tous les dépôts éocènes de la région. De plus, en tenant compte de la grande différence qui existe en Belgique entre les contours de la formation lækenienne et ceux du tongrien (ou étage des sables de Fontainebleau), M. Potier pense que la date des fractures de l'Artois doit être reportée à la fin de l'époque lækenienne, avant la période du gypse, qui, comme on sait, n'est point représentée dans les Flandres.

C'est exactement la date que nous avons été conduit, par d'autres considérations, à assigner au soulèvement du Bray. Nous voyons donc dans ce rapprochement une précieuse confirmation de notre manière de voir.

En somme, on voit que le Bray n'est point isolé dans le nord de la France; il fait partie d'une série d'accidents parallèles, qui tous indiquent

1. *Société géologique de France,* séance du 27 janvier 1879.
2. *Association française pour l'avancement des sciences.* Session de Lille, 1874, p. 377.

un effort de compression plus ou moins énergique, se propageant sous forme d'ondes dirigées du sud-est au nord-ouest, à peu près suivant l'orientation de 130°.

Un fait assez remarquable, c'est que la surface actuelle du sol, entre la vallée de la Bresle et le Boulonnais, porte, si l'on fait abstraction des ravinements ultérieurs, l'empreinte fort nette de cette compression latérale dissymétrique dont le Bray nous a offert le développement bien caractérisé. En effet, si l'on représente, sur une carte à l'échelle du 500,000ᵉ les courbes de niveau du sol de 25 en 25 mètres, on voit que ces courbes, très espacées sur la rive droite de la Bresle et sur celle de la Somme, sont, au contraire, très rapprochées près de la rive gauche de la Somme et de celle de l'Authie. Le profil du sol naturel, entre la Bresle et l'Artois, est donc celui d'une crémaillère dont les dents offriraient deux pentes très inégales : l'une faible, au sud-ouest ; l'autre, rapide, au nord-est.

Dissymétrie du sol entre la Picardie et l'Artois

§ 41.

RELATIONS DU BRAY AVEC LES ACCIDENTS DIRIGÉS AU NORD-EST.

Dans tout ce qui précède, nous n'avons considéré que les accidents parallèles à la direction du Bray. Mais il existe, dans le nord de la France, une autre direction qui joue un rôle sérieux dans l'hydrographie de la contrée, et dont MM. Hébert et de Mercey ont, dès 1863, fait ressortir l'importance en Picardie. C'est celle qui est mise en évidence par les alignements droits de la vallée de l'Oise, d'une part, entre Verberie et Noyon, d'autre part, entre la Fère et Guise. Son orientation moyenne est, suivant M. de Mercey, 38°. Elle fait un angle de 108° avec la direction moyenne de l'accident du pays de Bray. Suivant M. Hébert[1], cette orientation du sud-

Importance de la direction nord-est

1. *Bulletin de la Société géologique de France,* 3ᵉ série, t. III, 579.

ouest au nord-est est celle de trois plis saillants dont le premier part de Pressagny-l'Orgueilleux, près de Vernon, pour aboutir à Cambrai en passant par Breteuil, tandis que le second comprend les bombements de Rouen, d'Aumale et de Picquigny, et que le troisième va de Dieppe à l'affleurement dévonien de Dennebrœucq, dans l'Artois.

Traces de cette direction en France.

Or nous avons signalé l'importance de la direction 38° à 40° dans le pays de Bray; c'est elle, on s'en souvient, qui caractérise le contrefort de Tillard, par lequel le Bray se trouve fermé au sud-est; c'est encore parallèlement à cette orientation qu'ont lieu, à Villembray, le contact du kimméridien et du portlandien, et près de la Chapelle-aux-Pots celui du portlandien supérieur et du néocomien.

Cette orientation n'est pas localisée dans le nord de la France; elle se retrouve, parfaitement caractérisée, sur toute la surface du pays; non seulement elle définit la limite occidentale actuelle du calcaire grossier à l'ouest de Noyon, ainsi que le parcours du Vulpion entre Marle et Vervins et celui de l'Ourcq depuis Meaux jusqu'à la Ferté-Milon, mais la grande falaise orientale de l'Ile-de-France, entre Nogent-sur-Seine et Verzy, près Reims, est exactement orientée vers 38°. Tel est aussi, à peu de chose près, l'alignement des affleurements du crétacé inférieur dans le Maine. Une ligne tirée de Colmar à Rastadt, dans la vallée du Rhin, et un peu oblique relativement au parcours actuel de ce fleuve, forme également, avec le méridien, un angle de 38°. La même orientation définit encore, dans le midi de la France, la moyenne direction des affleurements jurassiques à leur contact avec le terrain primitif, soit entre la Voulte et le Vigan, soit entre Aubin et les environs de Montauban.

Date probable des dislocations nord-est.

Ainsi l'alignement en question joue un rôle capital dans la structure du sol de la France; c'est, d'ailleurs, un accident de date relativement moderne, et il nous paraît légitime d'en rattacher la production au phénomène qui a occasionné l'assèchement du lac de la Beauce. Cet assèchement a eu lieu, selon toute apparence, lors du soulèvement des Alpes occidentales, et, bien que la direction attribuée à cette chaîne soit seulement d'environ 25°, il ne nous semble pas impossible que les accidents dirigés vers

38° puissent lui être rapportés. Déjà, dans sa *Notice sur les systèmes de montagnes*, Élie de Beaumont reconnaissait que l'influence du soulèvement des Alpes occidentales s'était fait sentir dans le Bray et dans le Boulonnais. Nous sommes porté à croire qu'en même temps que se produisaient ces orientations nord-est, une autre direction conjuguée, presque perpendiculaire à la première, déterminait les alignements, si caractéristiques dans toute la région parisienne, des collines de sable de Fontainebleau, auxquels une partie de la falaise méridionale du Bray est parallèle.

§ 42.

RÉSUMÉ DE LA TROISIÈME PARTIE.

En résumé, la dislocation qui a donné naissance au pays de Bray fait partie d'une série d'accidents parallèles, ayant affecté tout le nord de la France depuis le Perche jusqu'à l'Artois, suivant une direction voisine de 130°. Ces accidents résultent d'une compression latérale qui tendait à faire naître, dans toute cette région, une succession de plis alternativement convexes et concaves, c'est-à-dire synclinaux et anticlinaux. Trois de ces plis, celui de la vallée de la Seine, celui du Bray et celui de l'Artois, ont affecté une allure particulièrement brusque qui les a obligés, en beaucoup de points, à se résoudre en failles.

Cet effort a été porté à son maximum dans le pays de Bray, où la lèvre normande de l'accident a été relevée, en certains points, de plus de 300 mètres au-dessus de la lèvre picarde. En outre, sur son parcours, cette dislocation offre des différences d'intensité qui paraissent en rapport intime avec l'existence d'accidents géologiques antérieurs.

La dislocation du Bray, comme celle de l'Artois, paraît s'être formée vers la fin de l'époque éocène, entre la période du calcaire de Saint-Ouen et celle du gypse. Postérieurement, la région a été affectée par de nouveaux

23

mouvements, contemporains du déversement du lac de la Beauce, et dont l'influence s'est traduite par deux systèmes de directions conjugués; le premier est le système nord-est-sud-ouest de la vallée de l'Oise; le second, dirigé de l'ouest-nord-ouest à l'est-sud-est, est celui des collines de sable de Fontainebleau, tant dans la forêt de ce nom qu'aux environs de Paris. Ces deux systèmes conjugués se seraient produits en même temps que le soulèvement des Alpes occidentales.

CARTE GÉOLOGIQUE
DU PAYS DE BRAY
Echelle de $\frac{1}{320,000}$

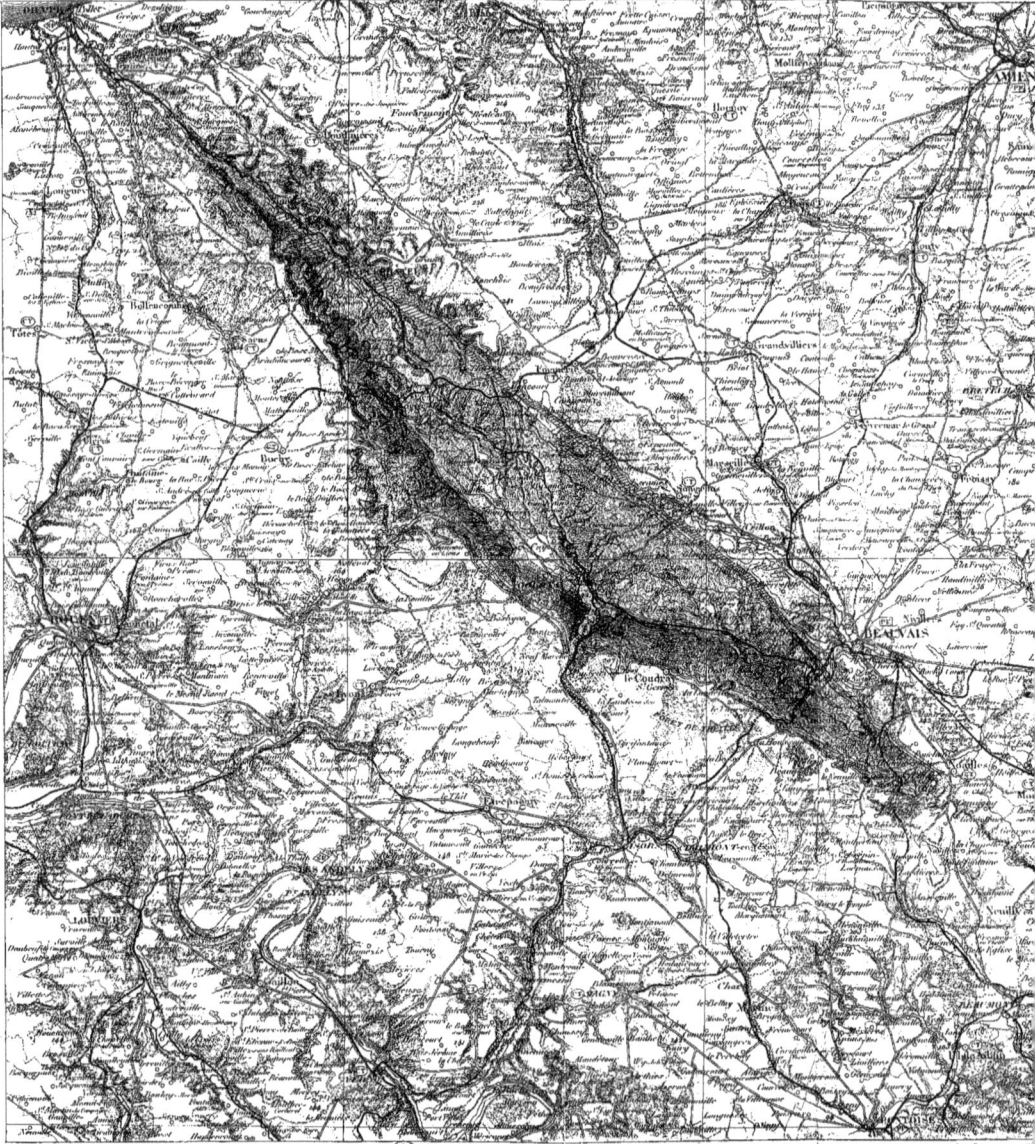

Luc Lemercier et C

LÉGENDE

Alluvions modernes	Sables de Bracheux	Craie de Rouen	Glaise panachée	Portlandien
Limon	Craie blanche	Gaize	Argiles à poteries et grès ferrugineux	Kimméridien
Argile à silex	Craie marneuse	Gault et Sables verts	Sables blancs et terres réfractaires	Contours géologiques

La partie couverte de hachures sur la limite nord-est de la région correspond à la dislocation terminale, où les diverses couches se succèdent dans un espace trop restreint pour qu'il ait été possible de les distinguer.

CARTE

DU PAYS DE BRAY

faisant connaître
à l'aide de courbes de niveau
équidistantes de dix mètres:
1°_ l'allure de la base de la craie glauconieuse
au pied de la falaise sud-ouest.
2°_ l'allure du sommet de l'argile bleue portlandienne
dans tout le Haut-Bray.

Echelle : $\frac{1}{320,000}$

Les courbes bleues représentent la craie glauconieuse.
Les courbes rouges représentent l'argile portlandienne.
Les couches ont été supposées continues et exemptes d'érosions.

Neufchâtel

Guillefontaine
Col. des Noyers

Forges

Songeons

Arqueil

Gournay

Ons-en-Bray   Beauvais

Auneuil

Noailles

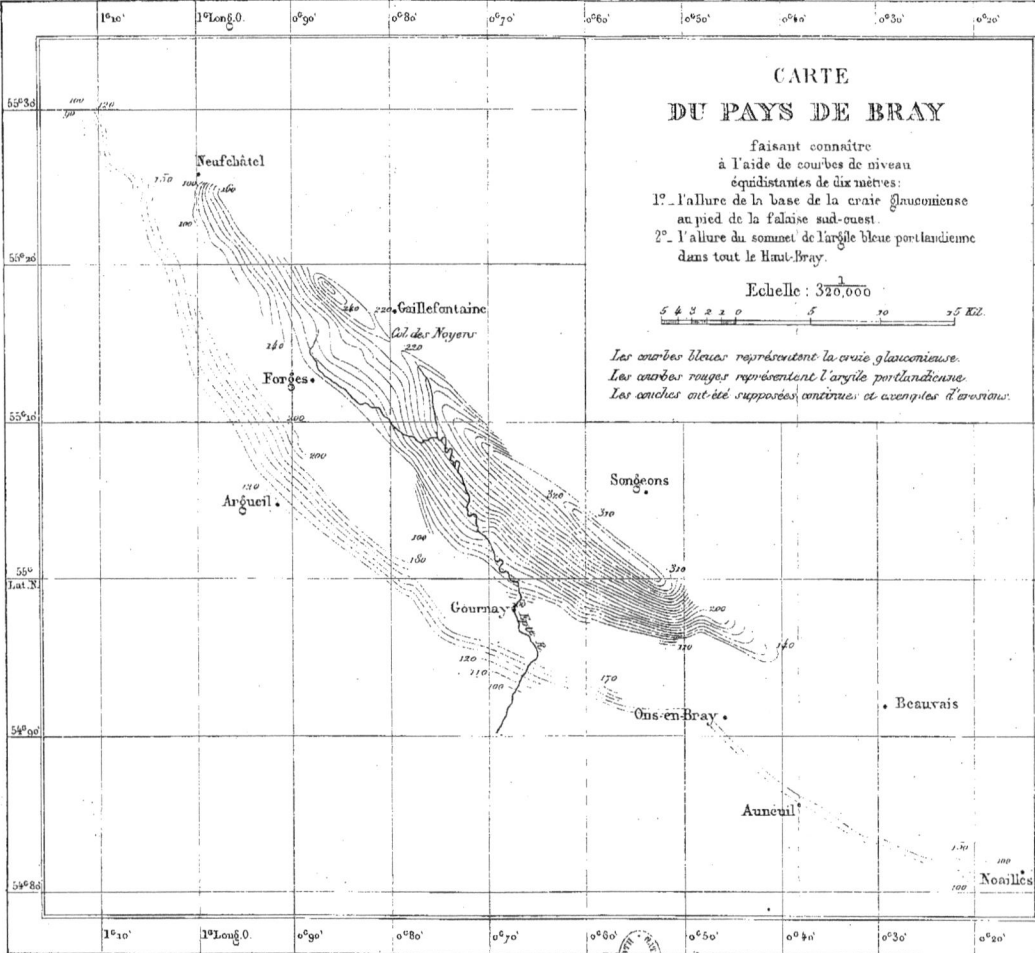

Gravé chez L. Wuhrer R. de l'Abbé de l'Épée 4.   A. de Lapparent del.

Pl. II

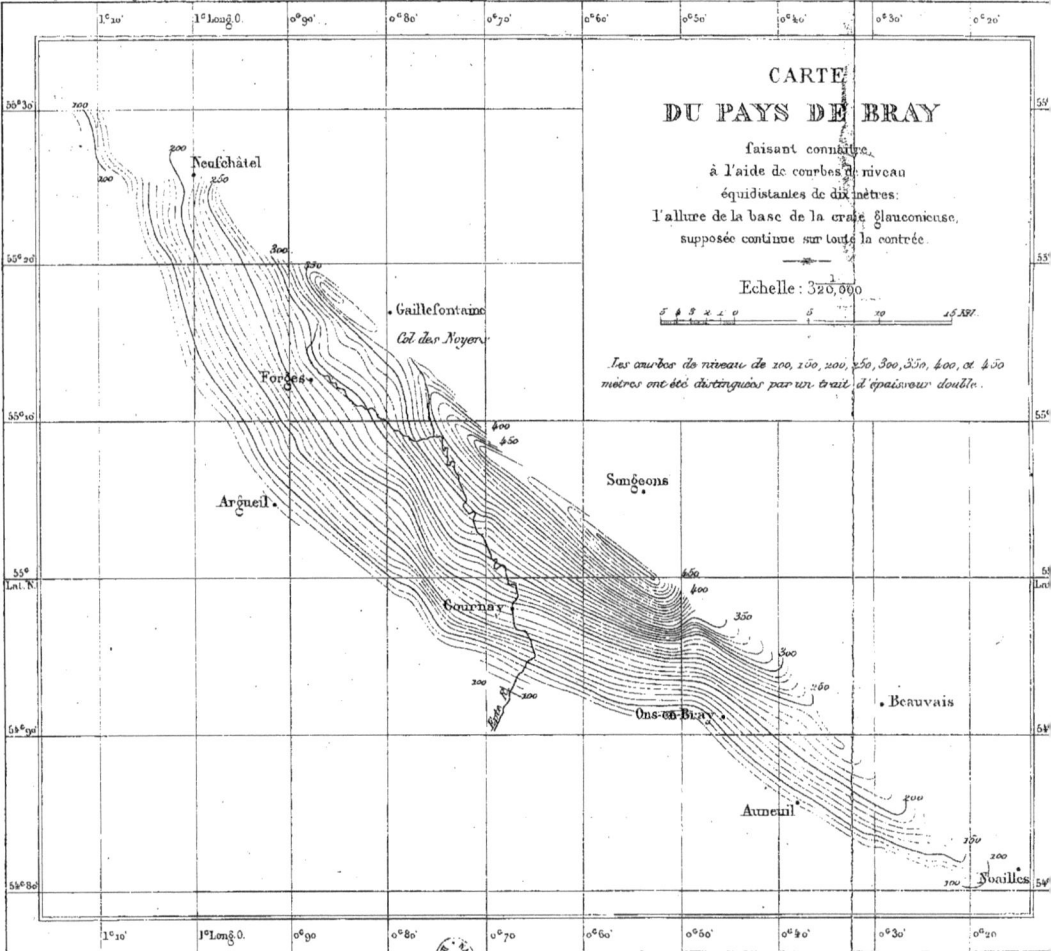

CARTE
DU PAYS DE BRAY
faisant connaître,
à l'aide de courbes de niveau
équidistantes de dix mètres:
l'allure de la base de la craie glauconieuse,
supposée continue sur toute la contrée.

Echelle : 320,000

Les courbes de niveau de 100, 150, 200, 250, 300, 350, 400, et 450
mètres ont été distinguées par un trait d'épaisseur double.

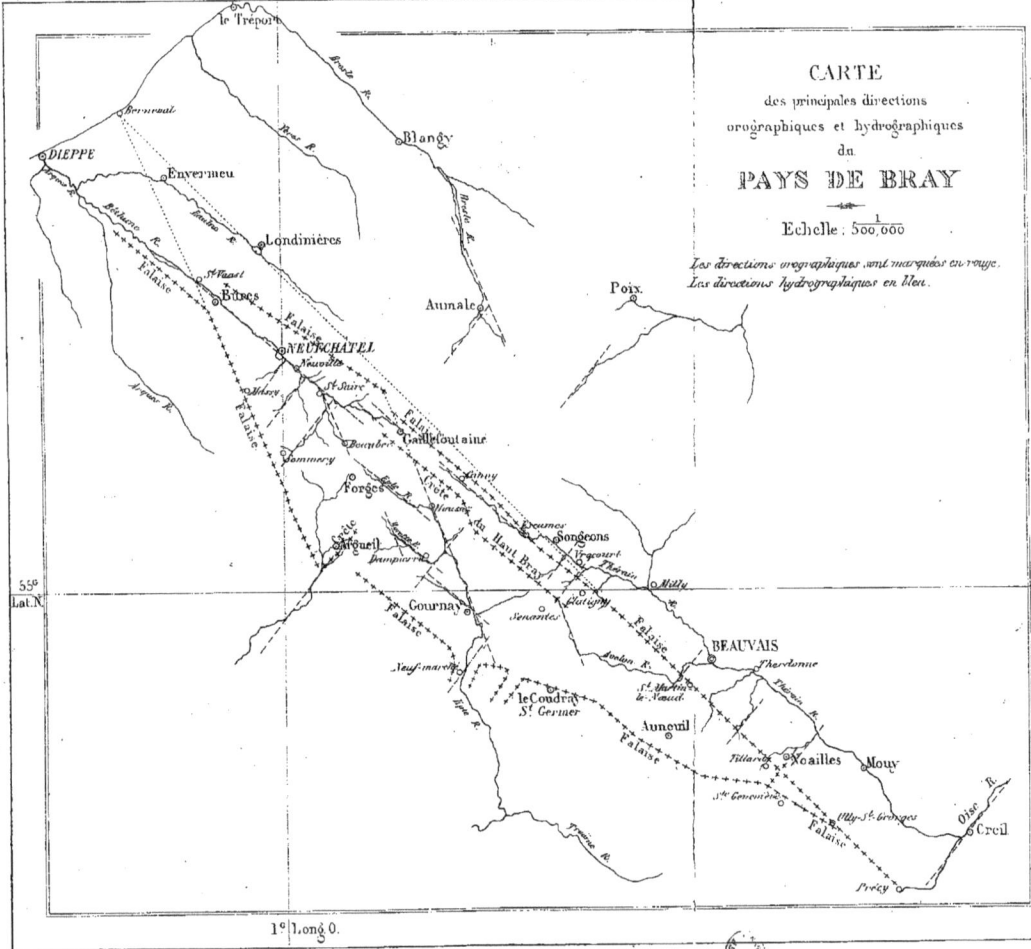

CARTE
des principales directions
orographiques et hydrographiques
du
PAYS DE BRAY

Echelle : $\frac{1}{500,000}$

Les directions orographiques sont marquées en rouge.
Les directions hydrographiques en bleu.

Gravé chez L.Wuhrer R. de L'Abbé de l'Epée 4

A. de Lapparent del.

TABLE DES MATIÈRES

Avertissement 1
Introduction 3

PREMIÈRE PARTIE.

DESCRIPTION PHYSIQUE DU PAYS DE BRAY.

§ 1. Coup d'œil général sur le pays de Bray. 9
§ 2. Limites géographiques et principales dimensions du Bray. 13
§ 3. Orographie du Bray. — Allure dissymétrique de la ligne de partage des eaux. 15
§ 4. Disposition des sections transversales du Bray en gradins successifs 17
§ 5. Caractères distinctifs des trois zones du pays de Bray : zone des villages, zone des forêts,
     zone du Haut-Bray 20
§ 6. Profil de l'arête culminante du pays de Bray. — Variations d'altitude des falaises 24
§ 7. Sillon longitudinal de la falaise du nord-est. 27
§ 8. Physionomie agricole du pays de Bray. 29

SECONDE PARTIE.

DESCRIPTION DES FORMATIONS GÉOLOGIQUES.

TERRAIN JURASSIQUE. — ÉTAGE KIMMÉRIDIEN.

§ 9. Calcaires, argiles et lumachelles à gryphées virgules. 34
     Grès calcaires, argiles et lumachelles inférieures, calcaire compact lithographique, argiles et
    lumachelles supérieures, marbre d'Hécourt, puissance de l'étage kimméridien.

ÉTAGE PORTLANDIEN.

§ 10. Portlandien inférieur. — Grès glauconieux et calcaires marneux 38
     Couche à *Ostrea catalaunica,* grès calcaire à anomies, calcaires marneux, grès calcaires glauco-
    nieux, poudingue supérieur, puissance de l'étage, mode de culture.

§ 11. Portlandien moyen. — Marnes bleues à grandes ammonites. 42
§ 12. Portlandien supérieur. — Grès ferrugineux et sables à *Trigonia gibbosa*. 44
   Type septentrional, grès ferrugineux, type central, argile bariolée, type méridional, sable verdâtre, poudingue.

TERRAIN CRÉTACÉ. — ÉTAGE NÉOCOMIEN.

§ 13. Néocomien inférieur. — Sables blancs et argiles réfractaires. 49
   Sables blancs, glaise réfractaire, exploitations de terre réfractaire, contact du néocomien avec
  le terrain jurassique, origine thermale des argiles.
§ 14. Néocomien moyen. — Grès ferrugineux et argiles à poteries grès. 54
   Grès ferrugineux, minerai de fer, glaises, fossiles marins de l'étage, comparaison avec les autres
  types néocomiens, terres à pots.
§ 15. Néocomien supérieur. — Glaise panachée. 59
   Disparition de la glaise panachée.
§ 16. Étage aptien. — Argile à *Ostrea aquila*. 61
§ 17. Étage albien; assise inférieure; sables verts. 63
§ 18. Étage albien; assise supérieure; gault 65
§ 19. Gaize. 67
   Constance de l'horizon de la gaize, usages de la gaize.
§ 20. Étage cénomanien; craie glauconieuse 71
   Glauconie crayeuse, nappe aquifère, craie de Rouen.
§ 21. Étage turonien; craie marneuse 75
§ 22. Étage sénonien; craie blanche noduleuse 76
   Craie noduleuse, craie à *Micraster breviporus*.

TERRAIN TERTIAIRE.

§ 23. Étage éocène; sables et grès de l'argile plastique. 79
   Sables, conglomérats.

FORMATIONS D'ORIGINE CHIMIQUE.

§ 24. Argile à silex 81
   Origine chimique de l'argile à silex, coloration rouge de l'argile, argile verte sur la glauconie,
  dépôt manganésifère, âge de l'argile à silex, usages et cultures.

FORMATIONS DILUVIENNES ET ALLUVIENNES.

§ 25. Limon des plateaux et des terrasses. 86
   Limon des hauts-plateaux, sa rareté; limon des terrasses.
§ 26. Alluvions anciennes. 87
§ 27. Alluvions modernes et tourbes. 88
   Alluvions des cours d'eau, tourbes.

§ 28. Dépôts meubles sur les pentes 90

§ 29. Variations des types jurassiques et crétacés du Bray; leurs rapports avec ceux des régions voisines. 90

Étage kimméridien, augmentation progressive de l'élément calcaire, étage portlandien, provenance des galets du grès calcaire, portlandien moyen, portlandien supérieur, néocomien, le néocomien n'arrivait pas à la vallée de la Seine, gaize, craie de Rouen, craie marneuse et craie blanche.

TROISIÈME PARTIE.

SOULÈVEMENT DU PAYS DE BRAY.

§ 30. Idée générale du bombement. — Coupe de Gisors à Songeons 97

Environs de Gisors, terrasse inclinée de craie glauconieuse, route d'Ernemont à Gournay, apparition du terrain jurassique à Gournay-Ferrières, pente moyenne de l'étage kimméridien, environs de Buicourt, chemin de Buicourt à Wambez, interprétation de la coupe, signification des éléments orographiques du Bray, érosions postérieures au soulèvement, coupe de Gerberoy à Gournay.

§ 31. Profil longitudinal du soulèvement; ses principales directions 108

Méplat du Haut-Bray, limites du méplat, dissymétrie du Haut-Bray, contraste de l'arête anticlinale avec l'arête orographique, allure des affleurements successifs, complication relative du soulèvement.

§ 32. Variations du profil transversal du Bray 413

Coupe de Follemprise au Mont-Ricard, coupe de Bosc-Asselin à Gaillefontaine, coupe du Coudray-Saint-Germer à Hanvoile, coupe de la Neuville-sur-Auneuil à Beauvais, résumé.

§ 33. Représentation graphique de l'allure des couches dans le pays de Bray 420

Principe de la méthode, choix de la surface de repère, objet de la planche II, objet de la planche III, indication des couches de repère, détermination des altitudes, lignes de base du nivellement, examen détaillé du soulèvement, double division du Bray, partie méridionale infléchie. Direction d'inflexion, cause probable de la déviation, rapports de la déviation avec la constitution géologique de la région, soulèvement principal, son double dôme, allure des courbes au col des Noyers, la zone confuse coïncide avec un ancien rivage, inflexion et resserrement des courbes au sud des Noyers, cause probable du phénomène, coupure de l'Epte, écartement des courbes dans la zone médiane, conséquences, pointe septentrionale du Bray, vallées de fracture, résumé général.

34. Étude détaillée de la dislocation terminale du Bray; profil de la dislocation 433

Importance de cette étude, méthode d'examen, coupe de la butte du Mesnil, coupe de la butte de Nesle, coupe de Bellaunay, voie romaine de Gaillefontaine, environs des Noyers, parcours de Gaillefontaine à Glatigny, coupe du bois de Crène, parcours méridional de la dislocation, coupe d'Hodenc-l'Évêque, contrefort de la Garenne, absence de la gaize solide le long de la dislocation.

§ 35. Directions des divers éléments de la dislocation. 444

Division de la dislocation en tronçons, accidents secondaires du tronçon méridional, tronçon septentrional, sa division en segments par des rejets brusques, résumé.

§ 36. Étude systématique des principales directions orographiques et hydrographiques du pays de Bray 446

Directions hydrographiques, directions orographiques, résumé.

§ 37. Détermination de l'âge du soulèvement du pays de Bray   449

Difficultés de cette détermination, émersion progressive du Bray pendant le dépôt de l'étage portlandien, affaissement de la région après la période des sables verts, la haute mer s'étendait sur le Bray à l'époque de la craie, émersion après le dépôt de la craie, rivage de la glauconie tertiaire, grande extension des dépôts de l'argile plastique, rivages de la mer du calcaire grossier, prolongement du Bray au delà de Noailles, relèvement du calcaire grossier, relèvement des sables de Beauchamp, le soulèvement du Bray est postérieur au dépôt du calcaire de Saint-Ouen, accidents postérieurs, synchronisme du Bray et des Pyrénées.

RAPPORTS DU SOULÈVEMENT DU BRAY AVEC LES DIVERS ACCIDENTS GÉOLOGIQUES
DE LA RÉGION FRANÇAISE.

§ 38. Étude des prolongements directs du soulèvement du Bray.   467

Prolongement septentrional, accident de Dieppe, plissement de l'Eaulne, relèvement de Berneval, prolongement méridional.

§ 39. Relations du Bray avec la vallée de la Seine.   471

Parallélisme de la Seine et du Bray, similitude d'allure des deux accidents, disposition inverse des deux dislocations, situation relative des points de maximum d'effort.

§ 40. Accidents parallèles au Bray.   473

Plissements de la Picardie, axe de l'Artois, dissymétrie du sol entre la Picardie et l'Artois.

§ 41. Relation du Bray avec les accidents dirigés au nord-est.   475

Importance de la direction nord-est, traces de cette direction en France, date probable des dislocations nord-est.

§ 42. Résumé de la troisième partie   477

Quantin imprimeur
Simon ZAPAW

www.ingramcontent.com/pod-product-compliance
Lightning Source LLC
Chambersburg PA
CBHW060537210326
41519CB00014B/3242